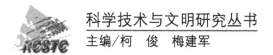

科学技术与文明研究丛书

主编／柯　俊　梅建军

江苏无地仗建筑彩绘褪变色及保护研究

A Study on Fading and Conservation of
Unplastered Color Paintings on Ancient
Architecture in Jiangsu

何伟俊／著

U0207758

科学出版社

北　京

图书在版编目（CIP）数据

江苏无地仗建筑彩绘褪变色及保护研究/何伟俊著 . —北京：
科学出版社，2017.12
（科学技术与文明研究丛书）
ISBN 978-7-03-055066-8

Ⅰ.①江… Ⅱ.①何… Ⅲ.①古建筑－彩绘－研究－江苏
Ⅳ.① TU-851

中国版本图书馆 CIP 数据核字（2017）第 267333 号

丛书策划：胡升华 侯俊琳
责任编辑：邹 聪 张翠霞／责任校对：何艳萍
责任印制：徐晓晨／封面设计：无极书装
编辑部电话：010-64035853
E-mail:houjunlin@mail.sciencep.com

科 学 出 版 社 出版
北京东黄城根北街 16 号
邮政编码：100717
http://www.sciencep.com

北京虎彩文化传播有限公司 印刷
科学出版社发行　各地新华书店经销
*

2017 年 12 月第 一 版　开本：720×1000　1/16
2018 年 6 月第二次印刷　印张：14　插页：11
字数：240 000
定价：98.00 元
（如有印装质量问题，我社负责调换）

总　序

20 世纪 50 年代，英国著名学者李约瑟博士开始出版他的多卷本巨著《中国科学技术史》。这套丛书的英文名称是 *Science and Civilisation in China*，也就是《中国之科学与文明》。该书在台湾出版时即采用这一中文译名。不过，李约瑟本人是认同"中国科学技术史"这一译名的，因为在每一册英文原著上，实际均印有冀朝鼎先生题写的中文书名"中国科学技术史"。这个例子似可说明，在李约瑟心目中，科学技术史研究在一定意义上或许等同于科学技术与文明发展关系的研究。

何为科学技术？何为文明？不同的学者可以给出不同的定义或解说。如果我们从宽泛的意义去理解，那么"科学技术"或许可视为人类认识和改变自然的整个知识体系，而"文明"则代表着人类文化发展的一个高级阶段，是人类的生产和生活作用于自然所创造出的成果总和。由此观之，人类文明的出现和发展必然与科学技术的进步密切相关。中国作为世界文明古国之一，在科学技术领域有过很多的发现、发明和创造，对人类文明发展贡献卓著。因此，研究中国科学技术史，一方面是为了更好地揭示中国文明演进的独特价值；另一方面是为了更好地认识中国在世界文明体系中的位置，阐明中国对人类文明发展的贡献。

北京科技大学（原北京钢铁学院）于 1974 年成立"中国冶金史编写组"，为"科学技术史"研究之始。1981 年，成立"冶金史研究室"；1984 年起开始招收硕士研究生；1990 年被批准为科学技术史硕士点，1996 年成为博士点，是当时国内有权授予科学技术史博士学位的为数不多的学术机构之一。1997 年，成立"冶金与材料史研究所"，研究方向开始逐渐拓展；2000 年，在"冶金与材料史"方向之外，新增"文物保护"和"科学技术与社会"两个方向，使学科建设进入一个蓬勃发展的新时期。2004 年，北京科技大学成立"科学技术与文明研究中心"；2005 年，组建"科学技术与文明研究中心"理事会和学术委员会，聘请席泽宗院士、李学勤教授、严文明教授和王丹华研究员等知名学者担任理事和学术委员。这一系列重要措施为北京科技大学科技史学科的发展奠定了坚实的基础。2007 年，北京科技大学科学技术史学科被评为一级学科国家重点学科。2008 年，北京科技大学建立"金属与矿冶文化遗产研究"国家文物局重点科研基地；同年，教育部批准北京科技大学在"211 工程"三期重点学科建设项目中设立"古代金属技术与中华文明发展"专项，从而进一步确立了北京科技大学科学技术史学科的发展方向。2009 年，人力资源和社会保障部批准在北京科技大学设立科学技术史博士后流动站，使北京科技大学科学技术史学科的建制化建设迈出了关键的一大步。

30 多年的发展历程表明，北京科技大学的科学技术史研究以重视实证调研为特色，尤其注重（擅长）对考古出土金属文物和矿冶遗物的分析检测，以阐明其科学和遗产价值。过去 30 多年里，北京科技大学科学技术史研究取得了大量学术成果，除学术期刊发表的数百篇论文外，大致集中体现于以下几部专著：《中国冶金简史》、《中国冶金史论文集》（第一至四辑）、《中国古代冶金技术专论》、《新疆哈密地区史前时期铜器及其与邻近地区文化的关系》、《汉晋中原及北方地区钢铁技术研究》和《中国科学技术史·矿冶卷》等。这些学术成果已在国内外赢得广泛的学术声誉。

近年来，在继续保持实证调研特色的同时，北京科技大学开始有意识地加强科学技术发展社会背景和社会影响的研究，力求从文明演进的角度来考察科学技术发展的历程。这一战略性的转变很好地体现在北京科技大学承担或参与的一系列国家重大科研项目中，如"中华文明探源工程""文物保护关键技术研究"和"指南针计划——中国古代发明创造的价值挖掘与展示"等。通过有意识地开展以"文明史"为着眼点的综合性研究，涌现出一批新的学术研究成果。为了更好地推动中国科学技术与文明关系的研究，北京科技大学决定利用"211 工程"三期重点学科建设项目，组织出版"科学技术与文明研究丛书"。

中国五千年的文明史为我们留下了极其丰富的文化遗产。对这些文化遗产展开多学科的研究，挖掘和揭示其所蕴涵的巨大的历史、艺术和科学价值，对传承中华文明具有重要意义。"科学技术与文明研究丛书"旨在探索科学技术的发展对中华文明进程的巨大影响和作用，重点关注以下 4 个方向：①中国古代在采矿、冶金和材料加工领域的发明创造；②近现代冶金和其他工业技术的发展历程；③中外科技文化交流史；④文化遗产保护与传承。我们相信，"科学技术与文明研究丛书"的出版不仅将推动我国的科学技术史研究，而且将有效地改善我国在金属文化遗产和文明史研究领域学术出版物相对匮乏的现状。

柯　俊　梅建军

2010 年 3 月 15 日

前　言

　　江苏地区的无地仗建筑彩绘，在工艺程序、图案、构图、设色上均存在独特性，体现了江苏地区明清以来特定的社会环境、自然条件和审美情趣。其制作工艺继承和发展了宋代建筑彩绘的官式做法，是研究古代建筑彩绘艺术发展、演变不可多得的实物资料。

　　从明代早期延续以《营造法式》为代表的宋代几何纹织锦图案，到后期大量运用植物纹样和吉祥图案，直至清代以苏州"写实"建筑彩绘为代表的"世俗化"风格的兴起，江苏无地仗建筑彩绘在体现无地仗、薄底层，采用暖色、复色、浅色调，以及构图率性自由等地域特色的同时，也体现出时代演变和地区特征的丰富性，属于传统建筑彩绘工艺体系中的重要文化遗产。

　　对江苏明清时期127处建筑彩绘进行现状调查后发现，江苏地区的建筑彩绘以无地仗建筑彩绘为主。颜料层的褪变色是现存无地仗建筑彩绘最主要的病害之一，轻则影响彩绘的艺术效果，重则危及彩绘的辨识和保存。可是，目前国内外还没有专门针对无地仗建筑彩绘的保护进行过系统的研究，关于无地仗建筑彩绘颜料层褪变色的研究更是未有涉及。对于明清古建筑彩绘中广泛使用的二色颜料的褪变色研究，更是一项新的工作。

　　江苏省明清时期无地仗建筑彩绘的褪变色研究，不仅是无地仗建筑彩绘制作工艺传承的需要，也是对其进行有效保护和修复的重要前提。只有在科学的基础上，探索无地仗建筑彩绘褪变色与环境因素、制作技术、保存年代等之间的关系，并确定不同因素对彩绘褪变色的影响，了解古建筑无地仗彩绘褪变色的内在机理，方能科学地预防褪变色病害的发生，更好地保护和修复无地仗建筑彩绘，进而对无地仗建筑彩绘保存所应采取的措施提出合理、有效的建议，使这一独具地域特色的古典艺术形式所蕴含的珍贵价值，能够更加长久地留存下去。

　　此次研究首先通过对江苏现有建筑彩绘资源进行普查，结合对传统工匠的调查访谈和采样分析检测，明晰无地仗建筑彩绘的传统制作工艺。其次，将现代科技领域常用的模拟试验、环境调查分析等方法引入无地仗建筑彩绘褪变色研究，比对古建筑无地仗彩绘颜料层褪变色的实际情况，明确了江苏无地仗建筑彩绘颜料褪变色各项因素中的最主要原因，在褪变色机理等方面有了进一步的认识，填补了此方面研究的空白。再次，提出了无地仗建筑彩绘的褪变色病害评估标准，为建立无地仗建筑彩绘保护安全环境提供了科学依据，也为无地仗建筑彩绘的保护和修复提供了相应的理论指导。最后，以相应的无地仗建筑彩绘保护工作为例，为今后更好地保护江苏无地仗建筑彩绘提供参考。

　　研究成果在进一步认知江苏无地仗建筑彩绘传统制作工艺，使其保护与修复科学化等方面具有重要的理论和应用价值。此外，对同属于古建筑彩绘历史上的吴越文化圈等无地仗建筑彩绘的保护修复，也具有十分重要的意义。

何伟俊

2017 年 6 月

目　　录

彩图

第一章　建筑彩绘保护研究概述

建筑彩绘是我国古代特有的一种木结构建筑装饰艺术。明代以前的建筑彩绘，是用水胶、油或漆调和绘画颜料直接涂饰在木构表面上。明代后期，在北方大量出现了绘制于地仗上的建筑彩绘，并逐步成为官式做法。其原因系当时北方建筑规格较大，主要木构件采用了拼帮接凑的做法，需要以血料、桐油、砖粉、麻布、面粉等混合而制成地仗，涂饰在木构表面形成平整光滑的保护层，以便于绘制彩绘。然而在南方，由于建筑木构规格小，无须拼接，所以建筑彩绘通常不必使用地仗。

在今天的江苏、浙江、福建、江西北半部、安徽南半部，皆存有一定数量的古建筑无地仗彩绘。而江苏现存明清时期的无地仗建筑彩绘数量众多、内容丰富、工艺精湛，是南方无地仗建筑彩绘中的杰出代表。同时，在南京、苏州、常州等地存有的太平天国时期的无地仗建筑彩绘，也是独具特色的艺术精品。

比照北方传统建筑彩绘实例及工艺保存的相对完善，在 1985 年东南大学的调查中江苏地区现有建筑彩绘已经"旧迹凋零，彩画工匠也有绝续之兆"[1]。自 2006 年开始的再次调查发现，此种情况进一步恶化。以保存数量最多的苏南地区为例，现有明清建筑彩绘尚不足百处，而其中保存尚好，可以清晰辨识的已不超过 30 处。

古建筑彩绘的保护一直是我国文物保护的难题之一。由于南北方气候、建筑彩绘制作工艺等方面的差异，彩绘颜料层褪变色是南方无地仗建筑彩绘中最为严重的病害之一。就建筑装饰的整体性而言，颜色变化将影响其艺术效果的显示，削弱其艺术魅力，以至于彩绘无法识别，最终失去其原有艺术价值。因此，必须加大研究力度，探寻无地仗建筑彩绘褪变色机理及合适的保存环境，提供科学的防治对策。这将对我国古建固有宝贵历史、科学价值、文化价值的保持，具有深远的意义。

第一节　古建筑彩绘概述

凡是以各种着色材料，使用黏结剂调和，在传统建筑木构件上施绘的图案或图画，都可被称为建筑彩绘或建筑彩画。

建筑彩绘是木结构建筑出现的伴生物，是中国古代特有的一种建筑装饰艺术。木构件油饰彩绘包括油活和画活，前者指单色油饰和地仗制作，后者指彩色装饰性绘画[2]。在古代建筑的木结构上进行彩色的绘画和涂饰，一方面起到装饰作用，另一方面也是出于对木结构的保护[3]。

金琳探析建筑的一切雕琢刻镂及艺术处理，包括建筑彩绘，其目的是为了"辨贵贱"，认为这在《荀子·礼论》中已有论述[4]。顿贺和程雯慧指出建筑彩绘充分体现等级，发现宫殿式建筑常用旋子、如意进行千变万化形成各种彩绘图案，当采用苏式彩绘时则常以神话故事、山水、人物、花鸟绘画[5]。

林徽因在《中国建筑彩画图案（明式彩画）》"序"中指出，在建筑上施用彩绘："最初是为了实用，为了适应木结构上防腐防蠹的实际需要，普遍地用矿物原料的丹或朱，以及黑漆桐油等涂料敷饰在木结构上；后来逐渐和美术上的要求统一起来，变得复杂丰富，成为中国建筑艺术特有的一种方法。"[6]

古建筑彩绘的产生最初是为了木构件的防腐，后来渐渐发展成绚丽多姿的图样、图案，并成为中国传统建筑中特色鲜明的装饰艺术。戴琦等学者指出，中国建筑彩绘发展到后来，已成为礼与乐相统一的文化。其是礼（伦理规范、实用理性）与乐（首先是诉诸情感的艺术与审美）的统一，是内在的令人精神意志整肃的伦理，是发人深省的自然哲学与外在的令人心灵愉悦的情感形式的和谐，是天理与人欲的同时满足[7]。

一、古建筑彩绘起源

中国古建筑彩绘源远流长，特点鲜明，自成系统，是中国古代建筑在世界古代建筑史上形成独特体系的重要组成部分。

关于中国古代建筑彩绘的起源，徐振江提出最早可以追溯到新石器时代后期[8]。吴葱追根溯源，认为彩绘与绘画艺术存在着天然的血缘关系[9]。关于建筑彩绘等装饰手段的产生，吴梅认为源于原始先民的仪式活动、审美要求和对木结构的保护作用[10]。吴为总结了中国传统彩绘的发展，在仰韶文化（距今六七千年）的大地湾遗址中，已发掘出绘制在地面上的彩画，这也许是我国发现的最早的彩绘装饰。在齐家文化（距今约四千年）的许多遗址中，也发现了不止一处在墙壁上彩绘的装饰纹样遗存。从大量发现的精美彩陶来看，用于建筑的彩绘装饰在当时可能已具有相当可观的面貌了[11]。

如今所见关于建筑彩绘最早的文献记载是春秋末年《论语·公冶长》中的"子曰:'臧文仲居蔡,山节藻棁,何如其知也?'"[12]。这里提到了"山节藻棁"。战国到唐代的古代文献中都有关于古代建筑上使用彩绘的记载:成书于战国末到汉初的《礼记·礼器》中也载有"山饰藻棁"[13];东汉张衡《西京赋》中有"雕楹玉碣,绣栭云楣。三阶重轩,镂槛文㮰"[14];《汉书·货殖传》则有"诸侯刻桷丹楹,大夫山节藻棁"[15];东晋葛洪辑抄的《西京杂记》中记载"哀帝为董贤起大第于北阙下,重五殿,洞六门,柱壁皆画云气荨藕山灵水怪,或衣以绨锦,或肴以金玉"[16];北魏杨衒之所撰《洛阳伽蓝记》记景林寺"丹槛炫日,绣栭迎风,实为胜地"[17];《后汉书·列传·梁统列传》中记载"堂寝皆有阴阳奥室,连房洞户。柱壁雕镂,加以铜漆,窗牖皆有绮疏青琐,图以云气仙灵"[18]。

现存年代最早的建筑彩绘实例,徐振江研究认为见于山西五台山佛光寺东大殿梁枋上,是直接绘画在木质上的唐代白描人物残迹[19]。杨红提出,现存建筑彩绘最早的例证见于敦煌莫高窟 251 号窟,里面有 4 件木制的斗拱,这些斗拱和壁面上所仿画的柱子、枋子上都有彩画。同时有资料说明北魏第 251 窟、第 254 窟所存彩绘,为木质斗拱红底上绘忍冬纹与藻纹,边棱转折处借以青绿色。有明确纪年并且保存比较完整的无地仗建筑彩绘,则在莫高窟第 427 窟窟檐。窟檐当心间的承椽枋底上有题字:"维大宋乾德八年(实为北宋开宝三年,即 970 年)岁次庚午正月癸卯朔二十六日戊辰敕推诚奉国保塞功臣归义军节度使特进检校太师兼中书令西平王曹元忠之世创建此窟檐纪。"[20]

中国古建筑彩绘的产生建立在中国古代其他工艺美术发展的前提下,与之密切相关的材料和技术,都为建筑彩绘的产生和发展提供了充分的条件和良好的土壤。关于彩绘中不可或缺的胶黏剂和颜料,以下学者进行了相应的起源研究。

张宣谋指出,油漆的历史可追溯到距今五千多年以前,考古工作者在浙江余姚市河姆渡遗址发掘到一件朱碗,外壁涂有朱红色涂漆,微有光泽,经鉴定属于油漆,证明我国在五千多年前便有了油漆,但文献记载的油漆则起于距今四千多年前的夏时代[21]。

随着中石器时代复合工具的出现和进步,陈盾认为与其匹配的连接技术也出现了,黏结是其中使用最早也是最广泛的方法之一。就其材质的来源看,大体可分为动物胶、植物胶和矿物胶[22]。曾国爱介绍,动物胶用作黏结剂的历史是极为悠久的，《诗经》中出现了动物胶，而据王远亮考证，"胶"字出现在我国已有三千年左右，那么动物胶的历史就至少有三千年[23]。

在对我国古代颜料详细考察后，郎惠云等认为，早在秦代就已发现和利用一些天然矿物颜料，经加工后涂在器物上，这就是我国彩绘颜料的鼻祖。秦代就开始了铅丹和铅白两种颜料的制造。关于制造铅丹的记载，是公元前 2 世纪左右刘安主持撰写的《淮南子》一书[24]。尹继才整理撰写了《矿物颜料》一文，文中写到中国传统颜料起源于矿物色和植物色，迄今约有七千年的历史[25]。龚建培援引考古资料指出，最早利用天然色彩的实例可追溯到旧石器时代晚期山顶洞遗址中发现用赤铁矿粉涂成红色的石珠、鱼骨、兽牙等装饰品[26]。从染料化学角度出发，罗军指出，从远古到西汉除使用红色天然赤铁矿粉外，其他的天然矿物颜料有染红的朱砂、染白的绢云母、染黄的石黄、染绿的石绿，还有雄黄、雌黄、红土、白土等[27]。

二、古建筑彩绘发展

由于中国建筑的木结构特征，古建筑彩绘自诞生起，就兼具保护性与艺术性的双重功能，成为中国建筑的重要特征之一。古建筑彩绘的主要发展阶段，根据文献记载和相关实物，有诸多专家学者进行了归纳总结。

从色彩技法的角度出发，徐振江认为在色彩的技法上，彩绘从南北朝的"晕"和"晕染"发展成为"叠晕"，并且日益成熟，变成唐代以来的传统技法。贴金技术从现存资料来看最迟起源于隋，多采用平贴金及描金，盛唐时期仍无多大变化。晚唐时期开始出现堆泥贴金和堆粉贴金的做法[28]。

陈岚提出，从西晋开始，与佛教有关的花纹如忍冬、莲瓣、宝珠等成为建筑彩绘的题材。到南北朝，开始出现用色朝多样化方向发展的趋势。隋唐时期的建筑彩绘艺术达到了较高水平，这一时期创造了"五彩间金装"，还增加了形象、生动、活泼的鸟兽纹样。到了宋代，《营造法式》第十四卷专门记述了彩画作制度。元代创造了梁枋彩画的基本格局，还首创了与雕饰相结合的建筑彩绘。明清时期，建筑彩绘在工艺技术上更加精致，在图案设计上更加细密繁复而趋于定型。《清工部工程做法则例》卷五十八所列建筑彩绘多达 26 项[29]。张海萍和常学丽提到，明代没有颁行过有关营造方面的官书，只有片段的记载，至今未见一部关于描写明代建筑彩绘的详细著作流传于世[30]。

如同其他中国古代艺术形式一样，古建筑彩绘的发展也是呈穿插式交替发展的，与其他的艺术形式，尤其是绘画艺术都是有关联的。随着社会的发展，以及颜料及相应绘画工具的发明与演变，古建筑彩绘的内容与形式也在不断嬗变和发展。

中国古建筑在发展演变中也有其不同的分支派系，形成了各具特色的绘画风格。我国各地的人文、地理、气候、环境等一系列因素的差别，也构成了古建筑彩绘不同的风格。但是，古建筑彩绘风格也在不同时代地域文化不断地交流和互通下，存在同化和异化的现象。因此，对于建筑彩绘来说，由于全国环境气候、社会文化及匠艺传承的不同，其逐渐形成了中国古代建筑彩绘的多种地方风格与差异类型。

就建筑彩绘风格南北差异的原因，杨红提出了建筑彩绘的文化圈的概念，并将其归纳为三方面：地理上的差异；文化背景不同；彩绘的文化圈。从现在建筑彩绘存在的实际状况看，存在官式圈、吴越圈、中原圈和四川、贵州、云南圈，还有西北文化圈、东北文化圈[31]。

总体来说，虽然从宋以后，特别是在明清时期，中国古代建筑彩绘渐渐走向程序化，但江苏地区地方经济的高度发达、丰富历史文脉的继承、彩绘艺术与民间文化的互动，使其形成了独特的具有精致风格和典雅气派的地方建筑彩绘形式。

三、古建筑彩绘研究

较早关注中国传统建筑彩绘，并对其进行分析研究，始于营造学社。此外，日籍中国建筑研究专家伊东忠太在 20 世纪 30 年代撰写的《中国古建筑装饰》的第九章和第十章中[32]，也对中国建筑彩画的纹样及用色等作了总结和分析 。

相比中国传统建筑在其他方向研究的相对成熟，正如当时营造学社领军者梁思成先生在《〈营造法式〉注释》"彩画作制度"中所言："由于这方面实物的缺少，因此也使我们难以构成一幅完整的宋代建筑形象图……至于彩画作，我们对它没有足够的了解，就不能得出宋代建筑的全貌。"[33]所以受遗存实例、材料、色彩及图纸等的限制，一直以来中国传统建筑彩绘的研究都比较单薄和浅显，无论是专业著作还是论文均不多。

中华人民共和国成立后，为数不多的建筑彩绘研究有：1955年北京文物整理委员会编的《中国建筑彩画图案》，书内收中国古建筑彩画图样36幅，由北京彩画界老艺人刘醒民、陈连瑞等按照清乾隆时期以后的彩画规制绘制，包括了清代建筑彩画图案的精华；之后1958年古代建筑修整所编的《中国建筑彩画图案（明式彩画）》，共选印明代建筑彩画22幅，均为老艺人刘醒民等绘制，林徽因、杜仙洲分别撰文介绍。

关于地方传统建筑彩画的研究，也是数量寥寥：有1958年东南大学建筑理论及历史研究室（南京分室）张仲一先生所绘著的《皖南明代彩画》（油印本）；另有1956年苏州市文物保管委员会对苏州市区进行古建筑普查工作，请擅长建筑彩绘的老画师薛仁生先生临摹复制了37张彩画，由苏州市文物管理委员会1959年编著出版了《苏州彩画》一书。

在建筑彩绘工艺传承方面，1955年北京市建筑工程局编印了《古建彩画操作规程》（油印本）；1962年北京市房管局技工学校编制了《油漆彩画工艺学》（油印本），分《油漆彩画讲义》《古建油漆工程》两册；1965年北京市半工半读房管技术学校编印了《木结构与装修》《壁画讲义》《彩画和古代油漆》《新建油漆工艺学》四本的合订本（油印本）。此后，直至1973年，才有北京园林局修建处编写了与彩画工艺有关的《北京公园古建筑油漆彩画工艺木工瓦工修缮手册》。从这些著作可以看出，在20世纪80年代以前，建筑彩绘的各方面研究都基本处于被忽视的状态，仅有少量传统建筑彩绘方面的资料，且还是以内部油印本的方式为主，罕有正式出版的著作。

到20世纪80年代，我国传统建筑彩绘的研究才开始有所起色，但也为数不多。主要有：1983年文化部文物保护科研所主编的《中国古建筑修缮技术》，其中涵盖了油漆作与彩画作；1984年北京市建委技术协作委员会编的《古建筑彩画选》；1985年北京市第一房屋修缮工程公司编印的《彩画讲义》（油印本）两册；1987年天津市房地产管理局编制的《古建房屋修缮工程定额》，包括材价、油漆彩画、木作、瓦作共四册。在地域彩画的专门研究上，以东南大学陈薇教授1986年的硕士论文《江南明式彩画》为开端。

从20世纪90年代开始，传统建筑彩绘逐渐受到一定的重视，此方面正式出版的著作相对增多。现以出版年代为序，将大致20年（1993～2013年）出版的有关中国传统建筑彩画的主要著作梳理如下：1993年张思耀的

《中国古建筑装饰彩绘工程技术速算速询卡》、1996 年马瑞田的《中国古建彩画》、1999 年何俊寿和王仲杰的《中国建筑彩画图集》、2002 年鲁杰等的《中国传统建筑艺术大观——彩画卷》、2002 年马瑞田的《中国古建彩画艺术》、2004 年王效清的《实用古建筑操作技术：油漆彩画作工艺》、2005 年高大伟等的《颐和园建筑彩画艺术》、2005 年蒋广全的《中国清代官式建筑彩画技术》、2006 年赵双成的《中国建筑彩画图案》、2006 年孙大章的《中国古代建筑彩画》、2007 年边精一的《中国古建筑油漆彩画》、2010 年张驭寰的《宫廷建筑彩画材料则例：营造经典集成》、2013 年孙大章的《彩画艺术——中国传统建筑装饰艺术作》等。

纵观历年来的著作，主要研究成果集中在北方明清官式彩画的研究上，缺乏对传统建筑彩绘全局性的系统研究，忽视了地方建筑彩绘的重要性，侧重于官式彩画的等级、寓意、技术、画法及规范。虽然也对北方明清官式彩画的传统绘制工艺、颜料成分沿革、传统的调配技术、油饰涂料及地仗成分与做法等有着较详细的研究和阐明，但未能体现出我国传统建筑彩绘各区域之间多种不同的区系工艺之特点，也就无法很好地分析和厘清官式彩画与地域性建筑彩绘之间的关系，达到整体认知的程度。

上述现象产生的原因，除前述受遗存实例等的限制之外，一方面也是由于北方明清官式彩画有着较为丰富的明清实物遗存，明清宫廷存有相应的文献记载图纸，加上宫廷建筑彩画的历代修缮使工匠世代相传，技艺得以留存，研究相对较易；另一方面则是各地区在注重对民间传统建筑装饰的研究之时，往往将重点放在"三雕"等类别上，却很少关注建筑彩绘，对建筑彩绘工艺与工匠的传承等似乎更是未提到关注的议事日程之中，造成研究的难度日益增大。

第二节 江苏地区古建筑彩绘综述

国内关于古代建筑彩绘的研究主要集中于彩绘的年代特征及形式，且取得了相当的成果。尤其以明清官式建筑彩绘研究成果最为突出，其中部分涉及了南方地区的建筑彩绘研究。其代表有马瑞田的《中国古建彩画》[34]、《中国古建彩画艺术》[35]，孙大章的《中国古代建筑彩画》[36]，何俊寿和王仲杰的《中国建筑彩画图集》[37]，赵双成的《中国建筑彩画图案》[38]。

　　另有部分专著对明清传统官式彩画的技术及工艺进行了总结,有《北京公园古建筑油漆彩画工艺木工瓦工修缮手册》[39]、《清代古建筑油漆作工艺》[40]、《油饰彩画作工艺》[41]、《中国清代官式建筑彩画技术》[42]、《中国古建筑油漆彩画》[43]等。

　　最早对江苏地区传统建筑彩绘工艺进行记录,是20世纪初刘敦桢先生收集了清末江南营造匠师的作业手本,其中以苏州香山帮之资料最为齐全,后整理出版的《营造法原》中《装析》一篇记载了一些苏州香山帮的油饰工序。对江苏地区传统建筑彩绘调查,则以苏州市文物管理委员会1956年对苏州拙政园忠王府、陕西会馆、申时行祠、会荫花园等8处代表性建筑彩绘的临摹记录为开端。此后在20世纪80年代,东南大学陈薇教授深入研究了江南地区建筑彩绘,其硕士论文《江南明式彩画》为江南地区的明式建筑彩画奠定了研究框架,并在《中国古代建筑史——元明卷》建筑彩画部分中作了相应的整理和补充。

　　进入21世纪,崔晋余的《苏州香山帮建筑》(2004年中国建筑工业出版社出版)对苏州香山帮传统油饰画作,包括油饰及地仗等工序有较详细描述,其中应用大漆技术和直接将建筑彩画绘于木表的做法,体现了地区特点。由南京博物院和东南大学联合完成的2008年科技部“中国古代建筑彩画传统工艺科学化与保护技术研究”子课题“江南地区古代建筑彩画传统工艺科学化与保护技术研究”,通过对江南地区建筑彩绘基础资料的调研、测绘、工匠访谈、传统工艺复原及保护等系列研究,推进了该区域建筑彩绘保护与传承的研究,也对江苏地区的传统建筑彩绘的综合性研究起到了极大的推动作用。此外,2013年刘托等出版的“中国传统建筑营造技艺丛书”之一《苏州香山帮建筑营造技艺》,在第四章“香山帮传统建筑营造的装饰艺术与文化”中专门记述了香山帮的油漆彩画艺术。

　　目前南方地区尚缺乏关于建筑彩绘全面系统的研究整理,特别是在建筑彩绘传统材料与工艺的研究上刚刚起步。相对北方官式建筑彩绘研究的比较成熟,南方民间建筑彩绘的相关研究较为薄弱,尚处于填补空白的阶段,江苏地区也不例外。近年来,东南大学对包括江苏地区在内的江南地区建筑彩绘图案和制作工艺进行了研究,已有数篇硕博士论文和相关论文发表。吴梅的博士论文《〈营造法式〉彩画作制度研究和北宋建筑彩画考察》详细探讨了宋代的建筑彩画作制度。杨慧的硕士论文《匠心探原——苏南传统建筑屋面与筑脊及油漆工艺研究》中通过工匠访谈记录,对以苏州为代表的苏南地区的传统油漆工艺进行了详细的调查整理与分析归纳[44]。这些成果对江南地区建筑彩绘做了构图、制度和工艺等方面的研究，为进一步研究江苏无地仗彩绘传统工艺奠定了良好的基础。

在中国传统建筑的系统里，通常来说各个地区的民间建筑彩绘并不会占有重要的地位。可是各个地区的民间建筑彩绘虽然没有官式建筑彩画的突出代表性，但也是中国传统建筑之中重要遗产的实物。在中国传统建筑彩绘的发展过程中，官式彩画的形成离不开地方建筑彩绘元素的注入，地方建筑彩绘也在不同时期不同程度地影响着官式彩画。传统的特点是具有民族色彩和地方色彩。传统建筑彩绘也从一定角度体现了传统文化的形态，两者是不可分的。因而，包括地方建筑彩绘在内的中国传统建筑彩绘，同样属于中国历史悠久的传统文化和民族特色的最精彩、最直观的传承载体和表现形式。

江苏地区的传统建筑彩绘，是地方建筑彩绘中有着悠久传承，并极具地域代表性的物质文化遗产和非物质文化遗产。作为"苏式彩画"式样的发源地，虽然缺乏相应具体的历史文献记载，可从实物看确是地方建筑彩绘对官式彩画产生影响的重要佐证，对传统建筑彩绘总体的研究有特别的技术价值，也是无法忽视的一环。依据建筑彩绘文化圈的划分，江苏属于吴越圈，结合传统建筑彩绘存在的实际状况，基本上可归属于江南地区。

一、江苏地区建筑彩绘的发展

整体来看，江苏地区传统建筑彩绘主要根植于吴文化，经战国、秦汉、魏晋南北朝的生长，以及隋唐宋元时期历代发展，至明清时形成相应的高峰，与江苏地区传统建筑的发展基本契合。

今日所见的江苏地区传统建筑彩绘，基本属于明清时期。这是由于在传统建筑构成的诸多元素中，彩绘一般属于相对保存年限较短的，往往可能会经历多次的重绘和补绘，不可避免地会掺杂进不同时代的技术和材料，保持原始状态的可谓极少，并且难以确定。即便如此，通过文献和相应实物，还是能够梳理出江苏地区传统建筑彩绘的发展脉络。

（一）夏商周至春秋战国期间

在夏、商、周三代，江苏分属不同的部落和诸侯国[45]。未有考古资料能够明确表明此时期的建筑情况，传统建筑彩绘也处在情况不明的阶段，与我国其他地区一样，彩绘等建筑装饰皆处于早期萌芽状态。

春秋战国时期，江苏分属齐、鲁、宋、吴、楚等国[45]。虽然已有具体记载木构架建筑上彩绘装饰的文献，可是具体到江苏地区，尚未见详细的记载，只是从出土的有关建筑的资料上，大约可窥见一斑。江苏地区传统建筑彩绘也还是处在萌芽状态，缺乏相应的研究资料，故目前还难窥其面貌。

（二）秦汉至魏晋南北朝时期

秦代实行郡县制，今江苏境内长江以南属会稽郡，以北分属东海郡和泗水郡。西汉时，江苏先后分属楚、荆、吴、广陵、泗水等国，以及会稽、丹阳、东海、临淮、琅琊、沛等郡。东汉永和五年（140年）后，江苏省境长江以南属扬州，以北属徐州。

在秦汉时期，传统木构建筑发展渐趋成熟。从出土的画像砖、画像石、陶屋等间接的资料来看，江苏这一时期的传统建筑的木构架也出现了明确的装饰。在《吴都赋》中，有对三国时期吴国宫殿的描述："雕栾镂楶，青琐丹楹。图以云气，画以仙灵。"[46]这说明装饰色彩以青丹为主，图案基本主要是云气、仙灵等，以建筑上的柱、梁、窗等为主要装饰对象。

由于在早期传统建筑装饰中，彩绘与壁画的绘制技法与风格并无明确划分，往往作为同时期的参考。可惜江苏地区的壁画遗存较少，主要遗存有汉代楚王陵墓群。北洞山楚王陵的墓室发掘报告载有涂以青灰色涂料，再用朱红刷涂的装饰手法，在徐州狮子山楚王陵的王后陵中墓室里亦有类似做法。在王后陵试发掘过程之后，笔者在2010年曾对墓室内壁样品进行分析，分析表明壁画的装饰颜料使用了朱砂、石青、石绿等。

魏晋南北朝时期，与江苏地区传统建筑彩绘有关的文献记载明显增多，这是因为东晋在建康（今江苏南京）建立政权，大量北方世族及皇族衣冠南渡，使得政治文化中心从北方转移到了江苏地区。从晋怀帝永嘉年间到南朝宋元嘉年间（307～453年），其中接受南迁移民最多的是江苏省，在今南京、镇江、常州一带最为集中，苏北地区则以扬州、淮阴等地为主。此后，在南北朝时期，江苏南京先后成为宋、齐、梁、陈四朝的都城，导致江苏地区经济与文化迅速发展，也推动了建筑彩绘的发展。例如，《南史·卷五·本纪》记载，南齐东昏侯"造殿未施梁桷，便于地画之，唯须宏丽，不知精密。酷不别画，但取绚曜而已，故诸匠赖此得不用情……繁役工匠，自夜达晓，犹不副速，乃剥取诸寺佛刹殿藻井、仙人、骑兽以充足之"[47]。又《南齐书·卷二十·列传》云："世祖嗣位，运藉休平，寿昌前兴，凤华晚构，香柏文桴，花梁绣柱，雕金镂宝。"[48]此外，还有《南史·卷二十二·列传》载，至南朝宋明帝紫极殿始"珠帘绮柱，饰以金玉"[49]。

南北朝时期建筑装饰图案流行以佛教题材为主的纹样，其中以莲花、忍冬等植物图案最多。南北朝时期的建筑彩绘常使用忍冬图案，回曲连贯、茁壮秀逸，多用于梁、柱等处的平面上。早期色彩比较简单，主要是黑、白、红三色，后期青、绿、黄等色彩开始杂用，呈现出比较新颖丰富的色彩。与此同时，当时绘画技艺的提高和画家的参与也在一定程度上推动了建筑彩绘的发展，《建康实录》记录了梁代著名画家张僧繇在建康寺庙的门楣上画凹凸花纹，证明当时彩绘已采用了晕染法。南朝陈阴铿有诗《新成安乐宫》云："新宫实壮哉，云里望楼台……砌石披新锦，梁花画早梅。"[50]由此可知，当时的彩绘图案也有以梅花为题材的。此外，被北宋《营造法式》称为"七朱八白"的做法，当时已有出现。江苏丹阳胡桥南齐墓、江苏南京尧化门梁墓墓门石刻上都有相应的实物可以证明，该做法对后来宋代江苏地区的建筑彩绘产生了一定的影响。

从上述文献可知，这一时期的彩绘开始逐步成为传统建筑装饰的主流手法之一，形式、纹样与技法日趋多样。建筑彩绘在秦汉时期原先以吴越文化为主的格局，在东晋开始融入北方的中原文化之后，在南北朝时期出现了新的样式与技法，建筑彩绘已经成为宫殿等建筑的主要装饰手段。而在吸收了西域题材纹样之后，江苏地区传统建筑彩绘又有了新的发展。

（三）隋唐至两宋时期

隋统一中国后，江苏境内分置苏州、常州、蒋州（今南京）、润州（今镇江）、扬州、方州（今六合）、楚州（今淮安区）、邳州、泗州、海州和徐州。唐代分中国为十道，江苏分属河南道、淮南道及江南东道。隋唐是我国传统建筑的成熟时期，现存唐代建筑主要在北方，江苏地区迄今未发现有遗存的唐代建筑，故仅能依据文献和其他考古实物资料来了解隋唐时期江苏地区的传统建筑彩绘。

唐《含元殿赋》称"今是殿也者，惟铁石丹素"，可知此时建筑多为丹粉刷饰。越来越多的考古发现也表明隋至初唐的墓葬影作木构，几乎全以朱红色刷饰。江苏地区现存几乎没有唐代壁画墓的发掘资料，能够提供参考的为临近的晚唐浙江临安钱宽夫妇墓。钱宽夫妇墓的彩绘及壁画装饰与晚唐中原地区壁画墓装饰较相近，其基本布局为墓室墙壁上部绘帷幔纹以模拟府邸或宫室，穹顶绘天象图反映当时盛行的道家思想。

至于江苏地区的实物资料，能够大致推知隋唐时期建筑彩绘面貌的，主要是五代时南唐与吴越的壁画墓。这些墓室内部多为仿木构砖石建筑，其构件柱、枋、斗拱皆有彩绘装饰，现发现的按年代排列，主要有江苏邗江蔡庄五代公主墓（929年）、江苏吴大和五代墓（933年）、江苏南京李昪陵（943年，图1-1）、江苏南京李璟陵（962年）。从五代时南唐与吴越的壁画墓的仿木构砖石建筑可知，该时期江苏地区的建筑彩绘以在建筑构件上满绘居多，纹样图案以卷草纹、团花锦纹、瑞兽祥禽为主。彩绘整体色彩以暖色为主，颜料品类已非常齐全，等级有高低之分，高等级彩绘有贴金装饰，绘制技法发展为"叠晕"。

北宋政和元年（1111年），江苏分属江南东路、两浙路、淮南东路、京东东路和京东西路。两宋时期江苏地区的建筑彩绘又迎来了一个新的高峰，现今能够参考的资源相对丰富。例如，始建于五代后周显德六年（959年）、落成于北宋建隆二年（961年）的苏州云岩寺塔（虎丘塔），各层阑额两端采用"缘道两头相对作如意头"的彩绘样式，身内刷七朱八白，各层回廊壁面的上下额枋之间，以及斗拱间的遮椽版，都浮塑折枝牡丹花，其中阑额两端绘不同类型的"如意头"（图1-2）。镇江甘露寺铁塔等阑额上亦可见仿七朱八白之图案。苏州玄妙观三清殿顶部亦有精美的彩绘藻井，画有鹤、鹿、云彩、暗八仙等图案。

我国传统建筑史上第一部官方文献《营造法式》中的彩画作制度使得建筑彩绘开始有章可循，极大地促进了建筑彩绘的发展。在南宋迁都临安（今杭州）之后，绍兴十五年（1145年）《营造法式》于苏州重刊，一方面因为政治文化中心转移带来了建筑营造之发展，另一方面也使彩画作制度在江苏地区进一步得到了认知和推广，对以后的江苏地区传统建筑彩绘产生了深远的影响。

这一时期，江苏地区的传统建筑装饰更为精致华丽，在传统建筑上彩绘的应用范围极广。关于建筑彩绘的构图法则、纹饰图样、操作工序、绘制材料均已完备，建筑彩绘与壁画等其他建筑艺术相分离，成为独立的建筑装饰技艺。吴梅就提出宋代是壁画与建筑彩绘分家的关键时期，并指出了分离的三大原因：一是水墨画的兴起使绘画逐渐重笔法轻色彩；二是文人画家转向卷轴画；三是唐末画家逐渐将着色工序交予工匠，无意中使工匠行业自身发展出依照图案勾线填色的方法[51]。

图 1-1　南唐国主李昇墓彩绘
（文后附彩图）

图 1-2　苏州云岩寺塔彩绘
（文后附彩图）

（四）元明清时期

元代实行行省制，江苏先后分属江淮行省、江浙行省、河南行省。元朝官式建筑彩绘出现以青绿色调为主的趋势，此种色调在后世的官式建筑中得到了极大发展，并产生了新的工艺和装饰手法。

江苏地区可见的建筑彩绘遗存，为苏州吴中区的轩辕宫正殿，其脊槫和两根上平槫下留存有龙纹彩绘。彩绘构图简练，云龙体态雄浑，虽然残损较严重，亦能辨别出彩绘的整体风格和色彩还是以暖色调为主（图 1-3）。

图 1-3　苏州吴中区轩辕宫正殿脊槫彩绘（文后附彩图）

明初定都江苏南京,此时江苏地区的建筑彩绘应以官式彩画为代表,但南京明故宫、明孝陵无木构件彩绘遗存,无法得知原先官式彩画的原貌。从明代中期江南画坛四大家之一仇英的作品《汉宫春晓图》中可以很清楚地看到梁架上的旋子彩画,旋花图案狭长,非整圆,箍头部分采用"一整两破"的格局,方心部分为素地,与北方明代中期彩画极为相似,并且色彩也选用青绿色调,可作为明代江南官式彩画的见证。明代江南地区除去官式建筑中使用青绿旋子彩画外,一般的庙宇、官宅、宗祠都采用有地方特色的包袱锦彩画,这种彩绘的选用与整个区域的社会环境相适应。其原因是江南自宋代成为全国三大丝绸生产中心之一后,经过元代的过渡,到明后期成为全国最为重要的丝绸生产基地,并且在江苏的南京、苏州等城市集中了全国最为主要的官营织造机构。

明初所继承的主要是南宋以来的江浙文化传统,江苏现存明代建筑彩绘实例较多,以无锡宜兴徐大宗祠的包袱锦彩画为代表。从实例来看,与北方同时期的官式彩画相比较,江苏明代彩绘构图较自由,通常在木构上直接绘制,绘制不注重涂饰,用色以暖色调为主,线条生动且色彩丰富。

清代中期以前,江苏地区的传统建筑彩绘以延续明代晚期风格为主,包袱锦彩画占据了主导地位。到了清代晚期,在包袱锦彩画基础上,又增加了堂子画。堂子画为清末江苏苏南地区的称呼,这类彩绘主要依据木构架长短分为三部分,中间部分称为堂子或袱,左右两端叫包头(北方称为箍头),靠近堂子的两端称为地。堂子部分根据具体绘画内容再分为景物堂子、人物堂子、清水堂子、花锦堂子,此类彩绘中花锦堂子延续了包袱锦彩画的特点;另一部分堂子已经在绘画题材上以花鸟、山水、人物画为主。此时的建筑彩绘呈现了世俗生活的方方面面,与江苏地域文化的结合更为明显。

清末太平天国时期的建筑彩绘,有与江苏地区建筑彩绘基本相似的,如苏州太平天国忠王府、常州金坛戴王府(图1-4);亦有展现特有风格的,如南京堂子街太平天国木板壁上绘画。但由于种种原因,在太平天国失败后,此种彩绘也基本消亡。

总之,江苏地区传统建筑彩绘的形成与发展,从广义上来讲首先受地理、环境、气候和区域的影响,其次建筑的地域特征、等级等因素也起着限制作用,同时受到区域内所遗留的种种文化痕迹、文化传统的制约。

图 1-4　常州金坛戴王府彩绘（文后附彩图）

二、遗存分布

为更好地了解江苏省明清古建筑彩绘的留存情况与分布状况，通过文献资料［52］、［53］的总结，能够初步将江苏省现存明清古建筑彩绘进行统计，以便为研究打下良好的基础，具体见表 1-1。

表 1-1　江苏省明清古建筑彩绘统计表

地点	序号	建筑名称	建筑年代
无锡市	1	宜兴徐大宗祠	明弘治五年（1492 年）
	2	硕放曹家祠堂	明嘉靖七年（1528 年）
	3	江阴文庙	清同治六年（1867 年）重修
	4	荡口迁锡祖祠	始建于清代乾隆年间
	5	梅村泰伯庙	明弘治十一年（1498 年）
常州市	6	金坛戴王府	清咸丰十一年（1861 年）
苏州市	7	门昌门外的戒幢寺	清代
	8	白塔西路 13～18 号的西圃	清代
	9	金宅（包衙前 32 号）	清代
	10	桃花钨费仲深故居	清代
	11	古寺巷吴状元宅	清代
	12	渡僧桥下塘 48～54 号眉寿堂	清代早期
	13	东北街 223～224 号张氏义庄	清代早期
	14	南显子巷的程公祠	清代
	15	苏州市北寺塔	南宋
	16	太平天国忠王府	清咸丰十一年（1861 年）
	17	苏州市安徽会馆	清乾隆十六年（1751 年）重修
	18	苏州市城隍庙	清代
	19	苏州文庙	清代
	20	苏州市木渎镇云岩寺	清末
	21	苏州市陕西会馆	清末

地点	序号	建筑名称	建筑年代
苏州市	22	苏州市申时行祠	明代
	23	东山镇慎德堂	明代
	24	东山镇状元府第	明代
	25	东山镇楠木厅（念勤堂）	明代
	26	东山镇殿新村瑞蔼堂	建于明代，晚清大修
	27	东山镇翁巷凝德堂	明代晚期
	28	东山镇东街敦裕堂	明代
	29	东山镇怡芝堂	明末清初
	30	东山镇乐志堂	明末清初
	31	东山镇延庆堂	清代
	32	东山镇翁巷树德堂	清代
	33	东山镇恒德堂	清代
	34	东山镇紫金庵	清代
	35	东山镇陆巷村遂高堂	明代正德嘉靖年间
	36	东山镇陆巷村双桂楼	明末清初翻建
	37	东山镇陆巷村粹和堂	明末清初
	38	东山镇上湾村久大堂	清乾隆
	39	东山镇上湾村遂祖堂	清乾隆三十八年（1773年）
	40	东山镇上湾村明善堂	明末清初
	41	东山镇上湾村怀荫堂	明代中期
	42	东山镇白沙湾达顺堂	明代
	43	东山镇白沙湾耕心堂	明代
	44	东山镇白沙湾仲雍祠	清康熙二十九年（1690年）
	45	西山镇东村锦绣堂	清代
	46	西山镇东村翠绣堂	清代
	47	西山镇东村徐家祠堂	明末清初
	48	常熟彩衣堂	明代
	49	常熟城内南赵弄10号脉望馆	明隆庆年间
	50	常熟赵家故居	清代
	51	常熟董滨乡茅厅	明代
	52	常熟市严纳故居	明代
	53	常熟市支塘姚宅	清代
	54	吴江区柳亚子故居	清代早期
	55	长洲县文庙大成殿	清代
南通市	56	如皋定慧禅寺大殿	明代
扬州市	57	西方寺大殿（八怪纪念馆）	明代早期
	58	曾公祠	清同治十二年（1873年）
	59	天童寺大殿	清末
镇江市	60	焦山寺	明代

三、制作工艺

传统的彩绘艺术作为古建筑的装饰，具有装饰艺术的功能，以及保护建材的实用功能，并且在制作程序上，需要繁复的步骤与严谨的技术。无地仗建筑彩绘的传统绘制工艺是在实用的基础上进一步艺术化的，题材内容丰富多彩，具有鲜明的地方特点。

据宋代《营造法式》记载，建筑彩绘在此前的二三百年间，大致有两个类型：一种以暖色调为基调，可能系后来的丹粉刷饰或五彩遍装法；另一种以冷色调为基调，大约是后来的碾玉装一类的前身。江苏地区的无地仗建筑彩绘属于广义苏式建筑彩绘的一种。绘制方法据文献记载是使用动物胶和植物胶调和天然矿物颜料进行绘制，完成后施以胶矾水。苏式建筑彩绘底色多以土朱色、土黄色或白色为基调，色调偏暖，画法灵活生动，题材广泛。明代江南丝绸织锦业发达，苏式建筑彩绘多取材于各式锦纹，无地仗建筑彩绘中的锦纹也较普遍[54]。

唐代张彦远在《历代名画记·卷二·论画体工用榻写》中记载了当时绘画颜料、胶料的名称和产地。例如，"武陵（湖南常德）水井之丹，磨嵯（福建建瓯）之砂（朱砂）……云中（山西）之鹿胶，吴中（江苏）之鳔胶，东阿（山东）之牛胶，漆姑汁炼煎，并为重采，郁而用之"[55]。宋以后至明清主要以骨胶、皮胶、桐油调和天然矿物颜料进行木构彩绘，也有记载以桐油等溶剂来制漆，在施工前工匠烧煮桐油，施工时调和颜料来绘制。蒋玄佁先生指出，骨胶、皮胶等动物胶如果霉腐或经潮湿过久就会失去其固着力，但在中国古代却是广泛使用的彩绘胶黏剂。他认为"中国画家为何喜用此种胶质，无从探究。最大原因，当是习惯使然"[56]。

无地仗建筑彩绘的传统防腐措施必不可少，可惜未见文献记载。但无地仗建筑彩绘的防腐不会超出历代绘画所用防腐添加剂的范围。历代绘画所用防腐添加剂亦多有差异，种类统计近千种，常用于防腐并改善气味的有龙脑、麝香等，添加的药物有熊胆、藤黄之类。

柴泽俊详细介绍了明代建筑油饰彩画的制作，部分包含了无地仗建筑彩绘的制作方法。他认为明代油饰彩画颜料必须是传统的矿石色，切不可用巴黎绿、砂绿、群青、调和漆等化学材料代替。金箔要用库金，水胶最好用明胶。熟桐油最好自己加土子熬制，白色最好用细白土，大白和铅粉有受潮变色之弊。石青、石绿要经过炮制研杀，澄出头青、二青、三青和头绿、二绿、三绿，石黄经过炮制和研杀，澄出浅黄、中黄、深黄，青绿退晕，石黄点缀，增画幅庄重之感。切不可不炮制而加铅粉，否则效果迥然不同[57]。

国外与无地仗建筑彩绘制作工艺相似的彩绘有蛋彩画（tempera），叶心适就蛋彩画工艺等进行了详细描述。蛋彩画，我国有译成"丹配拉"的，是欧洲最常见的传统画。蛋彩画的画基底常用的木板是橡木或核桃木，处理木板至平整光滑，然后用胶水调熟石膏粉和立德粉（按一定的比例）磨平。石膏底子调和颜料的黏合剂是鸡蛋清加水，稀释剂则用蛋黄调水制成[58]。

国内与无地仗建筑彩绘制作工艺类似的有官式苏式彩画（简称官式苏画）。明清时期，江苏省苏州地区擅长建筑彩绘的艺人很多，形成了俗称为"苏州片"的建筑彩绘。明代永乐年间大量征用江南工匠营修北京宫殿，苏州片因此传入北方。历经几百年变化，北方此类建筑彩绘使用的材料、绘制的样式已与江苏无地仗建筑彩绘有所不同，并在乾隆时期发展成为色彩艳丽、装饰华贵的官式苏式彩画。但因为与现今江苏地区无地仗建筑彩绘存在一定的联系和渊源，在工艺和图案上颇具参考和借鉴价值，所以应对其作一定的了解。

苏清海对官式苏画进行了比较全面的总结和归纳。他认为官式苏画在固定的格式下，对个别部位的图案做法作适当的调整，可分别形成金琢墨苏式彩画、金线苏式彩画、黄线苏式彩画等不同等级[59]。

蒋广全在《苏式彩画（一）》中考证：据传，北京地区的官式苏画是由我国苏州地区传来，但传入时间、原因难以考证[60]。蒋广全对方心式苏画[61]、包袱式苏画[62-64]、海墁苏画[65]、掐箍头苏式彩画[66]、苏式彩画白活工艺[67]等研究如下。

方心式苏画是官式苏画基本表现形式之一。此种苏画的表现形式是以单一横向构件（如檩、枋、梁等）为单位构成。官式苏画所谓的包袱，为通过绘画艺术画于建筑木构件上类似包袱形的一类建筑彩绘装饰形式。海墁苏画是官式苏画基本表现形式之一。清代早期，海墁苏画作为一种独立的官式苏画形式，已广泛用于装饰建筑，如《清工部工程做法则例》载有多种不同做法的海墁苏画便是证明。

蒋广全和高成良对墨线海墁锦纹双蝠葫芦团花苏式彩画和苏式彩画中的聚锦也开展了一些研究。蒋广全在墨线海墁锦纹双蝠葫芦团花苏式彩画的研究中指出：清代早、中期的各式苏画在纹饰内容的运用方面，有一个较鲜明的共同性特征，即重用图案，以图案纹饰构成彩画[68]。高成良指出，有趣味的聚锦造型视木构件中彩画找头位置的大小而定，变化造型构图是不可少的彩画手段。无论是金琢墨做法还是烟琢墨做法，彩画等级的高低不取决于聚锦图案的繁简[69]。

诸葛铠以苏州彩衣堂为例，谈及了江苏无地仗建筑彩绘与官式苏画的关系。其认为江苏无地仗建筑彩绘不用油漆，无彩绘的木表显露木质本色，比用油漆的宫廷彩画显得朴实，但也不失华丽。这种建筑装饰的演进，北方应早于南方，并随宋廷南渡而浸润江南[70]。

结合中国古建筑彩绘的起源和发展，就江苏无地仗建筑彩绘而言：一方面，由于建筑谱系的繁杂，无地仗建筑彩绘体现出工艺类型多样的特征。在缺乏相关文献、文字记载的状况下，传统的匠作工艺由于缺乏相关的传承机制而更显濒危，因而对它的研究与保存显得极为迫切。另一方面，无地仗建筑彩绘以其无地仗等处理方式而独具特色，不但与传统江南文人绘画关系密切，更与明清官式做法的演变形成有着千丝万缕的联系。

中国古代建筑史上南朝建筑技术的北传中原，如吴越等南方建筑技术北宋时的北传、南宋至明初一脉相承的江浙文化传统，都显示历史上江苏地区无地仗建筑彩绘与其他地区建筑彩绘的互相交流，以及与隋唐以后历代官式建筑彩绘的互相影响。在无地仗等工艺手法方面，无地仗建筑彩绘继承和保留了自南朝以来的中国古代建筑彩绘的传统工艺。

因此，上述对文献的梳理总结显示，对江苏无地仗建筑彩绘进行系统研究是全面理解我国传统建筑彩绘技艺的重要一环，同时对于了解中国古代建筑彩绘的发展演变历程，以及技术的交流与传播，都颇具价值。

第三节 国内外彩绘文物保护研究

一、国内外分析研究情况

（一）国内分析研究概况

在国内彩绘文物的分析研究方面，颜料成分的鉴定、胶料的辨别、环境因素对颜料层影响均已取得相应的研究成果。

1.颜料分析

王进玉采用X射线衍射（XRD）、X射线荧光光谱分析（XRF），证实在敦煌石窟清代壁画、彩塑艺术中都应用了群青颜料。同时，以质子激发

X射线荧光（PIXE）分析方法，获得了颜料的定性定量分析结果[71]。马赞峰等介绍了偏光显微镜在文物保护上的广泛应用，尤其是列举了偏光显微镜近年来在壁画颜料、壁画地仗分析等方面的应用[72]。

王进玉运用扫描电子显微镜、电子探针微量分析等仪器分析手段，对甘肃敦煌莫高窟、西千佛洞、永靖炳灵寺等地的石窟寺、寺院彩绘艺术中所应用的青金石颜料进行了显微形貌和成分分析。结果表明：千余年间，不同地区所用青金石颜料的微量元素大致相同[73]。Guineau和张雪莲提出，可以应用新型微探针技术对颜料和染料进行局部和非破坏性的微分析，最后得出结论：可见光吸收与拉曼散射检测如同可见光吸收与荧光发射光谱检测一样，它们之间存在互补作用[74]。

2.胶料分析

对于彩绘文物的胶料分析研究，苏伯民等首次使用高效液相色谱对采自克孜尔石窟的颜料样品中的胶结材料进行了分析。他们将测得的各种氨基酸与标准样品对照进行类似率计算，得知克孜尔石窟颜料中所含胶结材料为动物胶[75]。苏伯民等还系统总结了色谱法在古代胶结材料分析中的应用，并简要介绍了各类胶结材料组成及制作方法[76]。

何秋菊和王丽琴论述了古代常用动植物胶及其他胶结物的物理、化学性质，讨论并比较了色谱法、红外光谱法、质谱法等分析方法在彩绘文物胶结物分析鉴定中的应用及仪器联用技术的发展前景[77]。

3.环境因素影响分析

王晓琪利用自行研制的光导纤维反射分光光度计，利用光导纤维反射光谱法分析常见的16种纯色及混合颜料在不同浓度的硫化氢、二氧化氮有害气体环境和不同湿度下的变色情况，为彩绘文物保存环境的建立提供了科学数据[78]。关于彩绘类文物的现状分析研究，胡塔峰等对秦始皇兵马俑博物馆室内采集的降尘、大气悬浮颗粒物和彩绘漆层进行了扫描电镜和X射线能谱分析（SEM-EDX）研究，显示降尘和大气中二氧化硫发生了化学反应。在彩绘漆层表面的坑和裂隙附近观察到原位生长的硫酸钙晶体，表明存在漆层或降尘颗粒物与大气二氧化硫间的酸化学反应，这可能是彩绘漆层表面受侵蚀形成微小坑和裂隙的原因之一[79]。

（二）国外分析研究概况

对彩绘文物的分析研究，在国外已有数十年的历史，研究成果主要集中于欧美和日本等发达国家或地区。在对彩绘颜料和胶结材料进行分析的同时，有时还会注重与其他国家或地区的彩绘装饰作相应的比较，考虑其起源及后续安全保护方面的问题等。

1. 颜料分析

荷兰的 Dik 和英国的 Hermens 对西方欧洲艺术中常用的黄色色素之一那不勒斯黄进行了研究。通过 X 射线衍射（XRD）分析和文件记载指出：制造那不勒斯黄的知识起源于中东的陶瓷和玻璃业[80]。英国的 Kosinova 参加了剥落现象严重的基督出生场面木板彩绘的抢救性保护工作，分析的结果证明基督长袍的颜色是一种罕见的钙氟化物的紫色，还讨论了该紫色可能来源于欧洲的巴伐利亚、提洛尔、西里西亚和波希米亚地区[81]。

日本使用的传统彩绘颜料与我国类似，Hayakawa 使用袖珍 X 射线荧光光谱分析仪，对木构件表面彩绘层进行分析，实验选择直径 2 mm 的 X 射线电子束，测量时间为 100～300 s，不管测试部位褪色与否，都能检测出彩绘颜料的成分[82]。朽津信明等使用可见光反射光谱辨别矿物颜料，认为该方法是客观的，几乎不受样品状态的影响，不需接触样品就能检测，因此这种方法能快速、无损地评估绘画颜料的保存状态[83]。

法国的 Guineau 等研究了史前时期绘画使用的黑色颜料，尤其是锰黑。通过色度测量、元素分析和结构分析等分析方法，对不同的黑色颜料的天然来源（矿物或有机物）进行了比较[84]。美国的 Scott 等对秘鲁莫契文明的一些壁画进行了研究，显示壁画使用的颜料是一种类似石青（蓝铜矿）的矿物颜料，白色为方解石，黑色为炭黑，红色、黄色可能是赭石，粉红色可能是红色赭石和方解石的混合物[85]。

意大利的 Rampazzl 等对意大利撒丁岛新石器时代红黑色壁画进行了研究，利用了多种分析手段，如 XRD、显微拉曼光谱、扫描电镜和 X 射线能谱分析，确定了红色颜料为赭石和赤铁矿，黑色颜料是炭黑，用气相色谱－质谱分析有机黏结剂为鸡蛋清[86]。

2. 胶料分析

红外光谱、色谱法及核磁共振波谱法等被用于胶料的分析。意大利的 Colombin 等为确认古代绘画使用的胶质，用 2 mol 的三氟乙酸以微电波（20 min，120℃，500 W）的条件水解，再用离子交换树脂过滤干净水解产物，在脉冲电流探测下用高性能阴离子交换色谱法分析。对公元前4～前3世纪的马其顿坟墓（希腊）的壁画样品分析发现使用的胶有黄芪胶和果胶[87]。

荷兰的 Oudemans 在研究中采用核磁共振波谱交叉极化结合高功率质子去耦合傅里叶变换红外光谱分析有机官能团，对烧焦和非烧焦的坚实有机残留物给予了辨识。研究认为，可以应用这些技术来验证先前得到的胶料的裂解分析结果[88]。

意大利的 Ajò 等利用光学显微镜和扫描电镜能谱、X 射线衍射光谱、显微红外光谱、光致发光及穆斯堡尔谱揭示绘画的绘制技术、原有的组成材料（颜料和黏结剂），以及是否重新绘制和保护过。其认为，显微红外光谱和光致发光分析可以直接应用于检测粉末、片段状和可溶解样品，是检测有机黏合剂、涂层和胶黏剂的一个简便技术[89]。

3.其他分析方法

国外学者不仅利用多种分析仪器对彩绘文物的本体进行综合分析，还比较和探讨了合适的有损和无损分析技术。美国的 Souza 和 Derrick 对巴西木制雕像上的彩绘底层的无机材料进行了分析检测，研究采用了傅里叶变换红外光谱技术（FT-IR），认为此方法比 X 射线衍射法节省时间，并能给出硬石膏与熟石膏比率定量结果，可用于判断底层老化程度[90]。

德国的 Emmerling 对巴洛克和洛可可时期彩绘的木制雕刻和组塑进行了技术保护或恢复了这些彩绘，提出需对复杂彩绘技术和多分层结构进行观察，识别这些合成物的分析技术是：光学显微镜，PLM，SEM，XRD，SEM-EDX、WDX组合，DTMS，HPLC，TOF-SIMS[91]。

加拿大的 Bockman 用 X 射线照相和红外照相、紫外荧光、X 射线光谱测定分析了圣女与幼年基督木板彩绘。X 射线等照片揭露了垂直的木材径切纹理和接合处的裂缝，以及昆虫对木板的损害。在检测中没有发现16世纪之后的颜料，证明该木板彩绘确实绘制于16世纪[92]。

英国的 Johnson 等介绍了如何对古埃及彩绘木制棺木进行分析，并且讨论了相关保护问题。在定性分析了制作材料的同时，专门成立了一个临时实验室，在确保安全的情况下，对严重受损的树脂、漆、石膏底子进行清洁、加固，清除腐朽的木材并加以修复[93]。日本的 Yamasak 和 Nishikawa 对日本彩绘雕刻进行了总结，认为佛像是使用日本彩绘传统工艺最丰富的载体。其分析了彩绘佛像的底层，检测了应用的颜料和日本漆，归纳了描绘方法和典型例证[94]。

二、国内外保护研究情况

（一）国内保护研究概况

国内常用的传统彩绘保护材料主要有桐油、胶矾水。用桐油（一般俗称罩油），在旧彩绘或新绘制的彩绘上涂刷光油一道，旧彩绘在刷油前，为防止颜色层年久脱胶应先刷胶矾水 1～2 道加固。此种做法，对碎裂地仗、防止颜色脱落、褪色有明显效果。在有些古代建筑上试用 20 多年，彩绘仍基本完好。但使用这种材料后，彩绘颜色会变暗，且有光泽[95]。

正如罗哲文先生指出的，要真正达到保存古建筑原状的目的，除了保存其形制、结构材料之外，还需要保存原来的传统工艺技术。对于新创作、新设计的新建筑并不主张复古，能推陈出新也是历史发展的规律，但是修缮古建筑则正与之相反，就是要复古，复得越彻底越好[96]。

国内对彩绘文物的保护可以以秦始皇兵马俑为代表。以生漆为底层的彩绘文物保护是彩绘文物保护领域中的一个世界性技术难题，秦始皇兵马俑彩绘保护即属此类问题[97]。吴永琪等介绍说："我们发现了秦俑彩绘损坏的主要原因：颜料颗粒之间及彩绘和层次之间黏附力很微弱，特别是底层（生漆）对失水非常敏感，在干燥过程中底层剧烈收缩，引起起翘卷曲，从而造成整个彩绘层脱离陶体。"[98]秦始皇兵马俑彩绘保护技术研究课题组对秦始皇兵马俑彩绘中的漆层进行了研究，认为 PEG200 具有优良的抗皱缩作用[99]。1991 年吴永琪与克里斯蒂娜·蒂美等中德文物保护专家携手合作，对秦始皇兵马俑表面彩绘涂层的加固保护课题进行了深入仔细的研究。实践表明，无论是经过加固还是未经过加固，干燥时都必须缓慢进行，一可减慢干燥，二可防止弯曲、起翘[100]。

在秦始皇兵马俑使用颜料的保护方面，王君龙等在对秦陵铜车马彩绘取样分析的基础上，对其保存环境湿度进行了模拟测试，以红、白、蓝、绿四种矿物质颜料为代表，通过改变环境湿度、温度和有无光照等来考察色差值 ΔE 的变化情况。结果表明：在无光照条件下，湿度对彩绘颜色变化影响不大[101]。王丽琴等对秦始皇兵马俑博物馆的环境进行了研究，特别是对紫外线作了多次监测，发现其对颜料的影响不容忽视。由于有机物吸收光能后被激发成激发态，处于激发态的分子与基态氧或由光敏作用产生的激态氧天然树脂的基态分子进行光氧化反应构成了光致褪色的主导反应，分子结构的变化，必然引起颜料的改变或失色，从而造成颜色褪色[102]。黄玉金等学者通过光照实验与色彩变化的色度测量，分析了光照引起秦始皇兵马俑颜色改变的规律，否定了长期以来秦始皇兵马俑使用颜料是光不敏感物质的观点[103]。

关于彩绘类文物保护材料的选择，有诸多的实例和相应的研究。王芳等研究了几种常用于彩绘文物保护的有机聚合物涂料对紫外光的稳定性及其降解机理。方法是将有机聚合物涂料放在 310 nm 的紫外灯下老化后，采用漫反射光谱法和傅里叶红外光谱技术，用分光光度计和红外光谱仪对其降解行为进行检测，结果表明，丙烯酸类涂料和聚氨酯类涂料相比，丙烯酸类涂料的性能更优异[104]。赵静和王丽琴针对彩绘类陶器保护的特殊要求筛选性能优良的保护材料，结果表明：Primal AC 33、Paraloid B 72、有机硅的耐老化性能好，颜色变化小，黏结强度高，能很好地起到保护彩绘文物的作用，建议在文物保护领域推广使用[105]。

苏伯民和李茄制作了敦煌壁画模拟样，研究三种加固材料对壁画颜色的影响。三种同一浓度的材料对壁画颜色的影响依次为 Paraloid＞聚醋酸乙烯乳液＞聚丙烯酸乳液[106]。范宇权等选择了国内外通用的一些壁画修复材料和最新研制的一些材料，通过颜料监测和分析研究，证明了在莫高窟特殊的干燥环境中，目前采用的聚醋酸乙烯乳液和实验中选择的聚丙烯酸乳液是适宜、有效的壁画修复材料[107]。

樊娟和贺林借助 XRD、XRF、电子探针微区分析、剖面染色技术、紫外荧光观察、系统微量化学分析、红外光谱分析及显微观察技术，鉴定了彬县大佛寺石窟不同部位的 15 个彩绘样品中的 14 种颜料成分和 4 种黏合剂类型，揭示了彩绘的多层结构和工艺技术，并通过分析结果探讨了彩绘损坏的原因、重层彩绘的相对年代和彩绘修复史，初步提出了对彩绘的保护方法[108]。

对古建筑木构件上彩绘的保护工作，近年来也有着显著的进展。郑军对福建莆田元妙观的保护方法进行了探索，通过实验选择了理想的加固材料，建立了完整的保护档案[109]。郭宏等对广西富川百柱庙建筑彩绘的保护修复进行了研究，通过现场实验确定了用 3% 的 Paraloid B 72 丙酮溶液对彩绘层加固，结果表明该加固剂的渗透性、均匀性、加固强度都达到了对彩绘文物的修复要求，加固后彩绘的颜色也较之前鲜艳[110]。赵兵兵等为科学保护辽西地区文化古迹的彩画提供理论依据和技术鉴定方法，以古建筑保存环境和彩绘层颜料化学成分为依据，通过现场实验，用聚醋酸乙烯乳液和 Paraloid B 72 丙酮溶液对彩绘层进行修复。结果表明，该加固剂的加固强度达到了对彩绘文物的修复要求，加固后彩绘的颜色未发生改变[111]。

龚德才等研究认为，彩衣堂彩绘属于无地仗建筑彩绘，彩绘是直接绘在木材上的，按一般保护处理方法，极易使木材中的有机物溢出，从而影响彩绘的色泽[112]。龚德才等用改进的 Paraloid B 72 配方（加入了紫外线吸收剂、木材中油溶性成分固定剂 PM-1、抗静电剂、防污剂 SL 等）进行了无地仗建筑彩绘化学加固处理，较好地克服了上述技术难点[113]。

在天水伏羲庙先天殿外檐古建油饰彩画保护修复中，李宁民等对地仗和彩绘层渗透加固，选用 2% 的 Paraloid B 72 丙酮溶液作为加固剂。全部清洗加固完之后，采用 2% 的 Paraloid B 72 丙酮溶液整体喷涂封护[114]。

光照通常被视为造成彩绘文物损害的有害因素之一。李昭君和马剑从古建筑油饰彩画的成分入手，研究了光源辐射中红外线和紫外线对其危害的机理。通过实验定量研究了不同照明光源对油饰彩画的破坏程度，从加强油饰彩画颜料本身防护和新型光源开发应用的角度阐述了保护措施[115]。王天鹏等针对中国古建筑景观照明中光照对油饰彩画颜料的褪色老化作用进行了理论上的分析和阐述，并采用实体模型实验、定量化测量分析，辅以人眼主观评价的方法确定了人工光照对油饰彩画的褪色老化影响程度，从而为中国古建筑景观照明应用提供了科学和客观的依据[116]。

在颜料褪变色方面，国内相应建筑彩绘的研究成果较少，主要集中于壁画类文物。从 20 世纪 80 年代开始，敦煌的保护专家针对敦煌壁画颜料的褪变色做出大量工作。其主要成果如下所示。

唐玉民和孙儒僴指出，敦煌莫高窟经过许多世纪的风光侵蚀，不少壁画变色、褪色严重，减弱了壁画的艺术效果。研究壁画变色的原因，可为临摹和研究古代文化提供重要依据[117]。吴荣鉴从中国画的绘画色彩等方面分析、对比，阐述了敦煌壁画色彩变化的自然条件、客观原因及规律，并对颜料的古今称呼与用法等做了研究[118]。

苏伯民和胡之德为研究混合红色颜料的稳定性，在经过 100 天的光照实验后，通过光电子能谱和 XRD 的分析结果看出，铅丹和朱砂或土红的混合颜料，经过长期的自然环境作用，相互之间并未发生化学反应生成新的化合物[119]。唐玉民和敦煌研究院的孙儒僴合作，用发射不同波段的光源分别进行模拟实验，并以 XRD 进行分析，结果表明，紫外光是引起莫高窟壁画颜料变色的主要因素。由于该地区气候干燥，紫外线辐射强度大，窟内空气流通差，这为颜料变色提供了"条件"[117]。

李最雄与加拿大的 Michalski 合作研究了光和湿度对土红、朱砂和铅丹变色的影响。实验证明，长时间的光照会使朱砂颜色变暗。而在无光照条件下，铅丹变暗的化学反应就不会发生或者反应非常缓慢。从实验中看出，不只是紫外线使铅丹变色，一般可见光也可使铅丹变色[120]。此外，李最雄从残片的红外谱图发现，地仗层中大量的草酸钙、草酸铜及其他草酸盐与壁画的颜料胶结材料的老化有关。通过这一研究，李最雄提出了洞窟环境潮湿引起的霉烂老化是壁画胶结材料老化的主要原因之一，但是也提出干燥炎热的气候所形成的热氧化和强烈光照所引起的光照老化也是不可低估的因素[121]。

由此可见，敦煌壁画颜料变色最为严重的是红色颜料，且是使用最多的铅丹。光和湿度是铅丹变色的主要因素，当湿度大于 70% 时，变色速度相当快。当干燥时其对光是稳定的，同时在潮湿环境中水和细菌使其变为黑色二氧化铅。

此外，张兴盛也探讨了魏晋墓壁画色彩褪变的原因。其认为壁画色彩褪变的原因是参观人群呼出的水汽、二氧化碳等气体以及带入的细菌附着在砖壁画上，形成配位化合物，使其发生霉变而逐渐褪色[122]。这说明了壁画保存环境对于壁画色彩褪变色的影响。王东峰选择了灰尘作为污染物，利用光导纤维反射光谱法监测颜料颜色的变化，试验了铅丹、铅黄、群青、石绿等 16 种纯色及混合颜料的变色情况，找出了降尘对颜料颜色影响的程度及规律，为文物环境标准的确立提供了实验数据[123]。

陕西省档案保护研究所的研究人员发现，古建筑彩绘颜料、胶料层在风化褪色后存在对光的散射层，导致了原有色彩的淡化与消失。该项目首次从光散射角度提出了文物彩绘、建筑彩绘、古代壁画的褪色机理[124]。

（二）国外保护研究概况

国外对木材彩绘文物的保护专项研究开始较早，涉及范围也较广泛。意大利的 Arbizzani 等比较研究了古代壁画和绘画的物质成分，发现其中的老化成分可以用来作为壁画和绘画的"衰退记号"。现已经发现因年久造成的记号包含亚麻仁油、铜盐、铅白和锌白[125]。印度的 Mangiraj 等对列入世界文化遗产的印度果阿（Goa）教堂的饰金彩绘祭坛的保护进行了研究，发现高温高湿的气候和含盐的水汽是彩绘损坏的主要原因[126]。法国的 Sánchez 和 Río 研究了远古时代中美洲常用的玛雅蓝，发现其有非常稳定（抗酸、碱、溶剂）和抗生物降解的能力，但它能在与强酸的反应过程中被破坏[127]。

2000 年意大利的 Chiari 用正硅酸乙酯（TEOS）和 Paraloid B 72 处理秘鲁卡达尔（Cardal）遗址出土的三千年前的彩绘木雕像[128]，在 12 年后发现其保存状态非常好。为了选择保护处理木材上粉化颜色层的材料，樋口清治和冈部昌子准备了标准色样，以不同浓度的皮胶、水溶性丙烯酸树脂 Binder 18、AC 34 和 Paraloid B 72 等保护材料进行测试，结果证实水溶性丙烯酸树脂效果较好[129]。Weeks 讨论了激光技术在彩绘艺术品保护中的应用。他以第一次使用激光技术清洁的法国索姆省亚眠大教堂为例，证明在 1993 ~ 1996 年的保护工作后，其彩绘完全未受损伤[130]。

20 世纪 60 ~ 70 年代，对于绘画艺术中使用的矿物颜料，利用多种分析仪器和手段，欧美学者做了一系列的研究，其中主要从绘画中使用的角度出发，涉及了矿物颜料的褪变色问题。

德国的 Kühn 通过 XRD 等分析了两种铅锡黄颜料，发现其中常用的是 Pb_2SnO_4，另一个可能的分子式接近 $PbSnO_3$ 或 $Pb（Sn，Si）O_3$。在纯粹的水溶液中，存在形成黑色的铅的硫化物的可能性[131]。在铜绿的永久性和其他颜料的混合之下，一种时常在画中遇到的现象是本来的绿色在表面变成褐色。铜树脂盐的褐色变色只在高强烈紫外放射线之下发生[132]。美国的 Gettens 等系统研究了朱砂，指出汞的硫化物存在两个主要的变体——红色的辰砂和黑色的辰砂，还有一种不稳定的红色形式，晶形之间存在变化关系。摩擦（研磨）和光照会促进红色的辰砂向黑辰砂转变[133]。

Gettens 和 Fitzhugh 等研究认为矿物的蓝铜矿通常和孔雀石共生，蓝铜矿在自然光和大气下是稳定的，当加热到大约 300℃或更高的温度时，会挥发出水和二氧化碳，变为黑色的二价铜的氧化物。蓝铜矿有可能变为绿色的孔雀石，也可能转变为氯铜矿[134]。Gettens 等对碳酸钙类的白色颜料进行研究后提出，碳酸钙从最早的时代起，就以各种不同的形式在绘画作品中扮演广泛的角色。碳酸钙暴露在光之下是稳定的，不会因与硫化氢气体或与硫化物的接触变暗[135]。英国的 Mills 和 White 使用气相和薄层色谱法确定彩绘文物主要干性油中的成分，发现了固醇出现数量的改变对颜色有所影响。在漆膜老化的情况下，这些固醇主要从不加颜色的漆膜中大量消失，但在含铜绿的情况下很好地存在，含铅白和铅丹的情况下也会大量消失[136]。

20世纪70年代左右到90年代末，日本的文物保护研究者也关注了日本彩色木板画和滑门上等颜料色彩的变化，进行了相应的调查和保护研究，并重点研究了其中红色颜料和铅白的褪变色。

早在1971～1973年，中里寿克对京都寺院的彩色木板画等进行了调查，发现木板画经胶和明矾处理的表面被部分破坏，而且布满数层碎波状的黑色和灰褐色污染，好像被燃烧过。彩色板画的脱落部分显露出底层白粉，好像是在描画区域做的记号[137]。

见城敏子进行了关于日本寺庙彩色木板画颜料和胶的变色及老化实验，结果显示，蓝铜矿变黑是由于日光的直射和高湿度，并推测孔雀石因高湿度出现片状剥落[138]。她还选择了艺术品中常用的红色颜色——铅丹、红花、苏木和茜草，分别以不同波长的单色光照射，然后观测变色情况：茜草变色最小；红花易褪色并变黑；苏木比茜草稳定；铅丹比苏木易褪色[139]。

朽津信明等针对旧画中铅白时常因为变色看起来带黑色的问题，检测松户博物馆馆藏木板彩绘变黑灰色的地方，发现了方铅矿和少量的水白铅矿[140]。朽津信明还从矿物学角度讨论了严岛神社等处铅丹的变色问题，推测铅丹变黑或变白的主要因素是保存环境的不同[141]。

三、小结

通过文献综述可知，迄今国内外还没有专门针对无地仗建筑彩绘的保护进行过系统性研究，有关无地仗建筑彩绘绘制材料和工艺的文献也寥寥无几，未见褪变色方面的有关研究，这使得研究工作的开展必须在完成大量基础性工作的前提下进行。

20世纪80年代，一些国内文物保护机构开始科学系统地认知古建筑无地仗彩绘，并进行了传统工艺等的研究。然而江苏地区的无地仗建筑彩绘保护方面的研究仍然较为薄弱。因此，本书需通过参考其他国内外古建筑彩绘和木质文物彩绘的相关资料，在分析方法、保护修复和颜料层褪变色上借鉴与之相近的同属于彩绘类文物的陶质彩绘文物、壁画等研究成果，从而为研究奠定相应的基础。

国内外对木制彩绘文物的保护研究涉及领域较广，从颜料分析、胶料分析、彩绘加固、损坏原因到生物防治都进行了比较全面的研究，对与建筑彩绘有一定相似之处的壁画也做了大量的工作。颜料层内颜料的分析主要使用了 XRD、显微拉曼光谱、扫描电镜－能谱分析、光学显微镜、傅里叶红外光谱、可见光反射光谱等技术；胶料辨别主要使用了显微红外光谱、光致发光分析、红外光谱、液相色谱法、核磁共振波谱法及裂解气相色谱－质谱等分析方法。

现对建筑彩绘的保护研究工作主要集中在我国北方地区，且大部分是明清时期有地仗的古建筑彩绘，建筑彩绘理化性能之研究、传统材料的检测分析、保护修复工作都取得了一定的进展。在彩绘文物颜料的褪变色病害研究方面，国内外对彩绘文物中红色颜料和白色颜料的褪变色进行了较深入的研究，认为环境因素中的光照和高湿度是其变化的主要因素，同时可能还存在细菌的作用。关于建筑彩绘的褪变色研究，研究成果集中于人工光照、烟熏和有害气体对北方有地仗建筑油饰彩绘色彩的影响方面。这对无地仗建筑彩绘颜料层褪变色研究均有一定的借鉴价值。

江苏无地仗建筑彩绘与北方的有地仗建筑彩绘所处环境、气候特征有很大差异，颜料层依附的材质也不同，而这些差异可能是无地仗建筑彩绘产生褪变色病害的主要因素。因此，针对特定环境下无地仗建筑彩绘褪变色病害进行深入研究是非常必要的。

现国外常用的彩绘文物颜料层保护材料主要为传统的动植物胶和现代合成的高分子材料。从对一系列的建筑彩绘保护的实际应用看，上述古建筑彩绘保护材料存在材料耐老化性能不确定、保护效果受环境条件和施工工艺影响较大的特点。同时，因制作工艺与底层材料有所不同，如使用常用的有地仗层彩绘保护高分子材料，无地仗建筑彩绘极易因溶剂作用带出旧木材内的油溶性等成分，从而导致表面的色泽变化。但以上保护方法和保护材料的相关研究成果，均为无地仗建筑彩绘保护研究提供了思路。

第四节　研究成果及存在问题

南京博物院和东南大学对包括江苏地区的建筑彩绘做了构图、制度和工艺等方面研究，且已有一些建筑彩绘的相关研究成果。但相对北方而言，由于缺乏实践，建筑彩绘的相关工艺在江苏已面临失传。虽然传统工艺技术是一个不断发展和积累的过程，但沿袭自工匠的口耳相传的原始方式却导致江苏建筑彩绘工艺的传承缺乏相应的稳定性与规范性，工艺体系也远不如北方官式体系规范完备，可以说江苏地区彩绘工艺已几近失传。同时，由于存有无地仗彩绘的古建筑一般为省级以上保护单位，获取样品存在相当的难度，尤其是已经过保护处理的古建筑无地仗彩绘。而以模拟样品进行对比，可能无法完全准确地反映无地仗彩绘褪变色的情况。

就目前的研究情况而言，国内外木质彩绘的保护都面临着十分严峻的现实，加强直接实施于本体的保护技术仍是目前的主要研究方向。对于预防性保护和病害机理的研究也较少涉及，国内彩绘损坏机理研究还仅限于壁画彩绘的研究。以往对无地仗彩绘的研究成果几乎没有，同时，由于研究中涉及物理、化学、材料、历史、数学等诸多学科的知识，以及各种分析研究方法与手段，所以只能借鉴和参考相关木质彩绘及陶质彩绘的研究成果，这为研究带来了一定的难度。

此外，从建筑彩绘保护的发展来看，今后的研究将趋向通过高科技手段寻求更为有效的微损、微量检测方法，建立病害发生的数学模型，探讨现存环境下各种因素对彩绘损害的影响，建立古建筑彩绘保存现状评价体系和保存方法与材料的实验评估系统，研究彩绘保存的环境临界条件等。因此，找出适合无地仗彩绘分析检测的方法，特别是微损和无损的方法，需进行大量的研究工作；至于选择合适的模拟实验阐明彩绘褪变色与保存环境间的关系，用数据、关系曲线来说明彩绘褪变色的现象和原因，都尚需进一步系统而深入地研究。

如前所述，通过对相关文献资料的梳理总结，本书应从具有典型性、代表性的江苏省古建筑无地仗彩绘的实地调查入手，首先，建立彩绘病害分类、调查记录及现状评价的基本方法和规范；其次，明确彩绘环境参数、制作工艺、材料、结构等，以及采样和分析测试的方法；再次，科学系统地研究无地仗彩绘褪变色的程度、病害的特点等情况；最后，为无地仗彩绘褪变色机理研究及保护工作奠定基础，明确实际保护修复工作中应该关注的重点，从而为其他存在褪变色的古建筑彩绘的修复与保护提供重要的参考资料。

第二章　江苏无地仗建筑彩绘调查分析

第一节　江苏省环境、地理概况

江苏位于中纬度亚洲大陆东岸，地处长江、淮河下游，东濒黄海，西北连安徽、山东，东南与浙江、上海毗邻。地形以平原为主，主要由苏南平原、江淮平原、黄淮平原和东部滨海平原组成，有太湖和洪泽湖两大淡水湖。

全省气候具有明显的季风特征，处于亚热带向暖温带过渡地带，大致以苏北灌溉总渠（淮河）一线为界，以南属亚热带湿润季风气候，以北属暖温带湿润季风气候。气候的特点为四季分明，冬冷夏热，雨量集中，雨热同季，光照充足。

江苏年平均温度 14.7℃，极端最高温度 41.0℃（1988 年），极端最低温度 -23.4℃（1969 年）。年降水量 1000.4 mm，降水主要集中在 6～9 月，占全年降雨量的 59.2%，影响江苏的台风年平均 1～3 个。

根据《江苏省环境状况公报》（2000～2009 年）[142] 绘制江苏省环境空气质量表，如表 2-1 所示。

表 2-1　江苏省环境空气质量表（2000～2009 年）

年度	二氧化硫超标城市数 / 个	二氧化氮超标城市数 / 个	PM$_{10}$ 超标城市数 / 个	总体
2000	0	0	6	中污染级
2001	2	0	12	中污染级
2002	1	0	13	中污染级
2003	1	0	11	中污染级
2004	2	0	11	轻污染级
2005	2	0	7	轻污染级
2006	1	0	8	轻污染级
2007	1	0	5	轻污染级
2008	0	0	0	达标
2009	0	0	2	轻污染级

第二节 无地仗建筑彩绘现状调查

一、江苏建筑彩绘调查与统计

为更好地了解江苏地区传统建筑彩绘的留存与分布情况，通过文献资料记载、实地调查和资料检索等方式进行总结，依照江苏如今 13 个省辖市的格局，可以将江苏地区现存传统建筑彩绘统计如表 2-2～表 2-14 所示。

表 2-2 南京市传统建筑彩绘统计表

序号	建筑名称	所在构件名称	建筑年代	建筑类型
1	东王杨秀清属官衙署	板壁	清咸丰年间	官署
2	六合县文庙	梁	清同治九年（1870 年）	寺庙
3	玗王府	梁上残存	清咸丰年间	官署
4	溧水戏台	天花	清末	戏台
5	总统府桐音馆	梁、枋	清末	官署
6	李鸿章祠	五架梁	清光绪二十七年（1901 年）	祠堂

表 2-3 扬州市传统建筑彩绘统计表

序号	建筑名称	所在构件名称	建筑年代	建筑类型
1	西方寺	梁、枋、柱	明代早期	寺庙
2	文峰塔	柱	明万历十年（1582 年）	寺庙
3	曾公祠	梁	清同治十二年（1873 年）	祠堂
4	高旻寺	梁上残存	清末	寺庙
5	重宁寺	天花	清末	寺庙
6	五亭桥	天花	清乾隆二十二年（1757 年）	桥
7	盐宗庙	大梁、山板（具北方风格）	清末	寺庙
8	四望亭	梁、枋、斗拱	明嘉靖三十八年（1559 年）	官署

表 2-4　南通市传统建筑彩绘统计表

序号	建筑名称	所在构件名称	建筑年代	建筑类型
1	太平兴国教寺	梁	明洪武十四年（1381年）	寺庙
2	文庙	梁、枋	明、清	寺庙
3	如皋定慧禅寺	大殿梁柱	明代	寺庙
4	静业庵	梁上残存	清代	寺庙
5	如皋文庙大成殿	梁、枋	清代	寺庙

表 2-5　无锡市传统建筑彩绘统计表

序号	建筑名称	所在构件名称	建筑年代	建筑类型
1	昭嗣堂	梁	明代	祠堂
2	梅村泰伯庙	梁、枋	明弘治十一年（1498年）	寺庙
3	宜兴徐大宗祠	梁、柱、枋、橡	明弘治五年（1492年）	祠堂
4	荡口迁锡祖祠	梁	清乾隆年间始建	祠堂
5	江阴文庙	梁、枋	清同治六年（1867年）重修	寺庙
6	宜兴太平天国辅王府	柱上残存五爪蟠龙	太平天国	官署

表 2-6　泰州市传统建筑彩绘统计表

序号	建筑名称	所在构件名称	建筑年代	建筑类型
1	南禅教寺	梁、枋	明、清	寺庙
2	钱氏住宅	天花及月梁	清道光五年（1825年）	民居
3	俞氏住宅	天花上残存	清康熙四十二年（1703年）	民居
4	学政试院	梁、枋	清代	官署
5	黄桥镇何氏宗祠	梁、枋、柱头、斗拱残存山水花鸟	清初	祠堂

表 2-7　常州市传统建筑彩绘统计表

序号	建筑名称	所在构件名称	建筑年代	建筑类型
1	藤花旧馆	脊檩	明代	民居
2	护王府	梁、檩、柱	太平天国	官署
3	金坛戴王府	梁、枋	清咸丰十一年（1861年）	官署
4	常州府学	梁、枋	清同治六年（1867年）	官署
5	阳湖县城隍庙	梁、枋	清乾隆二十四年（1759年）	寺庙

表 2-8　镇江市传统建筑彩绘统计表

序号	建筑名称	所在构件名称	建筑年代	建筑类型
1	定慧寺	梁、枋、藻井	明、清	寺庙
2	城隍庙戏台	斗拱、垫拱板	清同治十二年（1873 年）	寺庙
3	姚桥夹沟村张氏宗祠	枋	清光绪年间	祠堂
4	葛村解氏宗祠	梁上残存	明景泰年间	祠堂
5	城西清真寺	梁、枋	清末	寺庙

表 2-9　徐州市传统建筑彩绘统计表

序号	建筑名称	所在构件名称	建筑年代	建筑类型
1	诵经堂（土山关帝庙）	五架梁、七架梁	清道光三年（1823 年）	寺庙
2	户部山崔家大院	梁架木构残存，雀替、驼峰、梁头大红的底色和贴金的纹饰	清道光年间	民居
3	铜山县汉王乡北望村郝家大院	梁架木构残存	清末	民居
4	乾隆行宫	梁、枋、斗拱	清乾隆二十三年(1757 年)	官署

表 2-10　苏州市传统建筑彩绘统计表

序号	建筑名称	所在构件名称	建筑年代	建筑类型
1	玄妙观三清殿	藻井	宋代	寺庙
2	轩辕宫	脊檩	元代	寺庙
3	申时行祠	梁	明代	祠堂
4	艺圃乳鱼亭	梁	明代	亭
5	德裕堂张宅（狮林寺巷 75 号）	脊檩	明代	民居
6	紫金庵后大殿	明间脊檩	明代	寺庙
7	楠木观音殿	枋、柱	明万历四十年（1612 年）	寺庙
8	东山镇敦裕堂	脊檩	明代	民居
9	东山镇瑞蔼堂	梁	建于明代，晚清大修	民居
10	龙头山生肖殿	梁、枋残存	明代	寺庙
11	东山镇遂高堂	梁、枋	正德嘉靖年间	民居
12	东山镇双桂楼（玉霏堂）	梁、枋、柱	明末清初翻建	民居
13	东山镇粹和堂	梁	明末清初	民居
14	东山镇久大堂	梁	清乾隆	民居
15	东山镇怀荫堂	梁、枋	明代中期	民居

序号	建筑名称	所在构件名称	建筑年代	建筑类型
16	东山镇达顺堂	梁	明代	民居
17	东山镇耕心堂	梁	明代	民居
18	东山镇含山村90号	梁、柱	明代	民居
19	东山镇惠和堂	梁、枋	明代	民居
20	东山镇怡芝堂	四橼栿	明末清初	民居
21	东山镇乐志堂	明间脊檩	明末清初	民居
22	东山镇凝德堂	梁、柱	明代晚期	民居
23	东山镇绍德堂	明间、次间脊檩	明代后期	民居
24	东山镇明善堂	平梁、次间檩等	明末清初	民居
25	东山镇慎德堂	梁	明代	民居
26	东山镇状元府第	梁	明代	民居
27	东山镇楠木厅（念勤堂）	脊檩	明代	民居
28	东山镇裕德堂	脊檩	明代	民居
29	东山镇麟庆堂	明间脊檩	明代	民居
30	东山镇秋官第（务本堂）	明间脊檩	明弘治九年（1496年）	民居
31	东山杨湾镇熙庆堂	脊檩有牡丹、"笔锭胜"图案	明末清初	民居
32	西山镇徐家祠堂	轩梁及前轩檩	明末清初	祠堂
33	常熟彩衣堂	梁、檩	明代	民居
34	常熟赵用贤宅	四橼栿	明代	民居
35	常熟严纳故居	梁、柱、枋	明代	民居
36	诵芬堂雷宅（包衙前22号）	脊檩	清代	民居
37	忠王府	梁、枋	咸丰三十一年（1861年）	官署
38	安徽会馆	梁	清乾隆十六年（1751年）重修	会馆
39	西圃	梁	清代	园林
40	吴状元宅	梁	清代	民居
41	张氏义庄及亲仁堂	正檩、梁、枋	清代早期	祠堂
42	文庙	五架梁	清代	寺庙
43	江苏巡抚衙门	门厅梁架	清代	官署
44	城隍庙	梁、枋	清代	寺庙
45	戒幢寺	梁、枋	清代	寺庙

续表

序号	建筑名称	所在构件名称	建筑年代	建筑类型
46	金宅（包衙前32号）	梁	清代	民居
47	费仲深故居（归牧庵）	梁上残存	清代	民居
48	眉寿堂	梁	清代早期	民居
49	程公祠	梁、枋	清代	祠堂
50	北寺塔观音殿	天花	清代	寺庙
51	陕西会馆	梁	清末	会馆
52	长洲县文庙大成殿	梁、枋	清代	寺庙
53	全晋会馆	斗拱、枋	清光绪五年（1879年）	会馆
54	春申君神祠头门戏楼	天花	清代	祠堂
55	东山镇延庆堂	脊檩	清代	民居
56	东山镇树德堂	梁	清代	民居
57	东山镇恒德堂	梁	清代	民居
58	遂祖堂	梁、枋残存	清乾隆三十八年（1773年）	民居
59	仲雍祠	梁	清康熙二十九年（1690年）	祠堂
60	同德堂	明间脊檩	清代早期	民居
61	薛福成故居	梁	清末	民居
62	西山镇锦绣堂	梁、枋	清代	民居
63	西山镇翠绣堂	梁	清代	民居
64	木渎镇云岩寺	天花	清末	寺庙
65	吴江区柳亚子故居	梁	清代早期	民居
66	吴江区震泽镇师俭堂	脊梁	清代	民居
67	吴江区桃源镇汾阳王庙	梁、枋	清康熙十年（1671年）	寺庙
68	常熟赵家故居	梁	清代	民居
69	常熟支塘姚宅	梁、枋	清代	民居
70	范义庄	梁、枋	清同治五年（1866年）	祠堂
71	汪宅（中和堂）	明间脊檩残存	清康熙年间	民居
72	太平天国军械所遗址（邱氏"慎修堂"）	脊檩残存彩绘龙纹	明代	民居
73	叶天士故居	脊檩彩绘方胜纹	清代早期	民居
74	金庭镇堂里村沁远堂	雕花大厅正脊檩残存彩绘	清乾隆年间	民居
75	祥符寺巷先机道院	脊檩	清同治元年（1862年）重修	寺庙

表 2-11　宿迁市传统建筑彩绘统计表

序号	建筑名称	所在构件名称	建筑年代	建筑类型
1	龙王庙行宫（乾隆行宫）	檩、梁、枋	乾隆	寺庙、官署

表 2-12　连云港市传统建筑彩绘统计表

序号	建筑名称	所在构件名称	建筑年代	建筑类型
1	碧霞寺	梁、枋	清末	寺庙

表 2-13　盐城市传统建筑彩绘统计表

序号	建筑名称	所在构件名称	建筑年代	建筑类型
1	兴国寺"真武庙"	梁、枋	清光绪八年（1882 年）	寺庙
2	东台泰山寺	梁、枋	清末	寺庙

表 2-14　淮安市传统建筑彩绘统计表

序号	建筑名称	所在构件名称	建筑年代	建筑类型
1	东岳庙	檩、梁	明宣德增修	寺庙
2	慈云寺藏经殿、国师殿、罗汉堂	梁、枋	清光绪七年（1881 年）	寺庙
3	清晏园内关帝庙	殿内梁、枋	明崇祯十一年（1638 年）	寺庙
4	三官殿	五架梁	清代	寺庙

在结合文献、资料检索并进行实地调查后发现，现今江苏地区 13 个省辖市范围内，建筑彩绘遗存有 127 处，主要集中于苏南地区的苏州市周围。其分布如下：苏州市 75 处，扬州市 8 处，无锡市和南京市各 6 处，常州市、镇江市、南通市、泰州市各 5 处，徐州市和淮安市各 4 处，盐城市 2 处，宿迁市和连云港市各 1 处。

二、调研结果分析

从调研结果来看，江苏苏南地区的古建筑彩绘色调偏暖，多使用贴金以彰显等级与身份，贴金形式多样，有片金、窝金和点金等，构图以包袱锦及其变体为主，形式多样。江北地区主要分布在扬州、南通一代，保存于佛寺、祠庙中，遗存较少，一般不使用贴金装饰，构图以包袱锦为主，变化形式多样，强调包袱边。

由于江苏地区的传统建筑彩绘多为内檐彩画，一方面气候温润，木材的湿胀干缩影响不大，所以在基层处理上只需用油灰来填补缝隙，薄施底灰；另一方面，明清以后江苏地区建筑彩绘多位于建筑的梁、檩及天花部位，且多为包袱锦形式，很多情况下不采用满堂彩和箍头，图案色彩多为浅色，在一定程度上也限制了类似北方建筑彩画地仗层处理的方式。江苏地区传统建筑彩绘虽然一般不采用地仗做法，属于无地仗建筑彩绘，但往往使用衬地工艺，从而避免木材本身吸色带来的色彩深、浅不匀现象，使建筑彩绘的设色均匀平整。从总体来说，江苏地区传统建筑彩绘工艺与明清北方官式建筑彩画有很大差异。首先建筑彩绘基本为无地仗处理，没有地仗层，衬地的做法简单，多以朱、黄和白色为底色。其次，图案多用青、绿、红三色相间，再以黑、白色勾边，黄、紫、金等色较少，退晕一般不超过三道，总体偏暖色调。再次，从建筑彩绘的图案上看，虽然有一定规律，但比较灵活，题材也比较广泛，即使是格式相同，表现形式上也存在差别，不似北方官式建筑彩画一样有较为严谨的形制规定。最后，建筑彩绘的表现形式、绘画方法也相对较自由和开放。

调查结果表明，苏南地区的江南五市，约有传统建筑彩绘遗存96处，苏中地区的三个市为18处，苏北地区的江北五市为12处。从统计可以看出，江苏地区的传统建筑彩绘遗存主要分布在苏南的江南五市，占比达到76%。从苏南到苏中，建筑彩绘遗存数量就开始急剧下降。至于苏北的江北五市，城市数量与江南五市相当，可是建筑彩绘遗存数量反而是三个区域中最少的。再对各地区的传统建筑彩绘遗存按照大体建筑功能进行划分（划分时戏台如原属庙宇附属，则归为庙宇内统计），探讨江苏传统建筑彩绘在各地区不同建筑上的使用情况，大致如下：①苏南地区：南京市为官署3处、庙宇1处、祠堂1处、戏台1处，镇江市为庙宇3处、祠堂2处，无锡市为祠堂3处、官署1处、庙宇2处，常州市为官署3处、庙宇1处、民居1处，苏州市庙宇13处、祠堂6处、民居48处、会馆3处、官署2处、园林2处。②苏中地区：扬州市为庙宇6处、祠堂1处、官署1处，南通市为庙宇5处，泰州市为官署1处、庙宇1处、民居2处、祠堂1处。③苏北地区：徐州市为官署1处、庙宇1处、民居2处，宿迁市为官署1处，连云港市为庙宇1处，盐城市为庙宇2处，淮安市为庙宇4处。

对苏南、苏中和苏北各区域内建筑彩绘遗存做相应的统计，能够看出苏南民居中的建筑彩绘遗存较多，占有相当大的数量。苏中和苏北地区民居中的建筑彩绘遗存就比较少，以庙宇和官署为多。三个地区的建筑彩绘多以包袱锦彩画为主，色彩上为五彩并重，基本使用了直接绘于木表的绘制工艺。建筑彩绘会受到诸多方面的影响，导致未能留存下来。例如，对照 20 世纪 90 年代东南大学等研究机构的相关调研结果，许多建筑彩绘遗存包括建筑都已经消失，此外还有徐州道台衙门大厅彩画在部队作为营房时被涂刷掉，徐州文庙彩画则是在一次修复过程中被南方队伍油漆覆盖后无法辨识。但就现状来说，建筑彩绘留存数量的多少，也能够或多或少地说明明清时期建筑彩绘在江苏地区的大体分布范围和各区域的应用情况。如前所述，根据江苏地区地理、环境和文化特征等情况，大致可将江苏地区建筑彩绘的遗存实物划分为苏南地区、苏中地区和苏北地区三个有所区别又相互关联的"彩画圈"。

如除去苏州市传统建筑彩绘在民居分布较多的情况，总体上来看建筑彩绘在江苏地区传统建筑上的应用为庙宇 27 处、官署 10 处、祠堂 8 处、民居 5 处，可以依次以庙宇、官署、祠堂、民居的顺序排列，也比较符合历来建筑彩绘在传统建筑上的实际使用状况。这一方面说明了江苏苏南地区，特别是苏州地区在建筑彩绘上的一度发达与兴盛；另一方面也说明了在江苏其他两个地区，建筑彩绘的应用受到了一些因素的影响和制约，未能得到推广和广泛使用，建筑彩绘还是基本限于等级较高的宗教建筑与官署建筑之中。

以江苏地区建筑彩绘遗存较多的苏南地区为例，各个时期明清建筑彩绘在传统建筑中的分布也存在着一定的变化规律。传统民居建筑彩绘在大木构上的应用主要集中在明代早、中期，到明末清初时期往往只是在正厅脊檩上绘制一幅包袱锦；而在其他的梁枋部分雕刻包袱锦等装饰图样，建筑装饰手法以雕刻为主（图 2-1），基本取代了建筑彩绘在建筑大木构上的装饰地位。

图 2-1　南京李鸿章祠五架梁包袱锦彩画（文后附彩图）

到清代，传统民居建筑彩绘已较为少有，与江苏其他地方一样，建筑彩绘主要存在于庙宇和官署中，只是在宗祠和会馆中偶有体现。从整体趋势上看，在明清北方的官式建筑彩画发展日趋成熟的同时，江苏地区的传统建筑彩绘却逐渐走向了衰退和消亡，这也极有可能是江苏省传统建筑彩绘工艺趋于消失的原因之一。

三、江苏地区建筑彩绘的主要类型

现今提及江苏地区传统建筑彩绘，有些学者通常会以"苏式彩画"概之，其实是以官式彩画中的"苏式彩画"概念混淆了江苏地区传统建筑彩绘。江苏地区的传统建筑彩绘以包袱锦彩画为代表，不仅与官式彩画中的"苏式彩画"有明显分别，而且在不同时期受江苏境内多种文化因素等的影响而同中有异。江苏地区传统建筑彩画作为南方彩画不可或缺的重要组成部分，较之青、绿为主色的冷色系官式彩画不同，整体色调多以红、赭色为主，辅以蓝、绿作为复色、间色。同时，较之北方定型化的旋子图案等构图方式，明清时期江苏地区传统建筑彩画图案以包袱锦为主，更多地传承了唐宋建筑彩画之特色。

江苏地区现存可见的建筑彩绘样式均属五代时期，为五代南唐国主李昪陵和五代虎丘云岩寺塔，二者皆是影作木构彩画。李昪墓墓室仿木梁枋彩画构图上基本采用的是通长式的构图，设色上以朱红二色为主，采用晕染法绘制，使用了慧草云纹，斗拱上绘有青绿枝条的缠枝牡丹花，有局部贴金的做法。云岩寺塔则是在塔内阑额彩画的两端采用了"缘道两头相对作如意头"的样式，仿木梁枋上为"七朱八白"的做法。南宋绍兴十五年（1145 年）平江知府王唤在苏州重刊《营造法式》，又加强了《营造法式》对江苏当地传统建筑的影响，直到明代苏州等地仍保留梭柱、月梁等宋代旧法。对于江苏地区传统建筑彩绘而言，同样也是深受其影响。《营造法式》内记载的建筑彩绘样式，在江苏地区有多处类似的遗存。这种传统一直延续到清代中期，后受到北方官式彩画中苏式彩画的影响，逐渐出现了由几何织锦图案向吉祥与写实绘画图案的发展，包袱内的图案也开始出现写实的山水、花鸟与人物等，并且工艺上逐步有打底增厚之趋势。

依据调查结果统计，就建筑年代来看，江苏地区传统建筑木构上较早的彩画实例，应为宋代苏州玄妙观三清殿的藻井彩绘和苏州吴中区轩辕宫正殿檩上龙纹。由于江苏地区传统建筑彩画一般缺乏相应的文献记载，而依据建筑年代来断定彩画年代，往往会失之偏颇。历史上建筑本身就会经历多次修缮，建筑年代越远的越是如此。与此同时，建筑彩绘在同一建筑上的补绘和重绘的现象也屡见不鲜，参考原有样式风格重新绘制，或者是根据之前的图案重新填彩绘制，也有不少的实例佐证。因此，在把握共性、寻求规律划分彩画类型时，建筑年代只是能够确定彩画绘制时间的上限，不能作为主要的参考依据，需要结合其他因素进行综合考虑。

对江苏地区传统建筑彩绘的类型进行分类，无疑是比较困难的。因为江苏三个区域间传统建筑彩绘分布极不平衡，每个区域间的部分现存建筑彩绘有的仅有寥寥数例相似，有些就是单例，寻找其中的共性并分类殊为不易。

从建筑类型来看，江苏地区传统建筑彩绘在庙宇、官署、祠堂、会馆和民居皆有存在。现存的江苏传统建筑彩绘主要分布在民居建筑中，占现存实例数量的2/3左右，寺庙宫观的实例相对较少。其中，有建筑彩绘的民居一般为官商住宅，主要分布在苏南地区，现今苏中和苏北地区民居中的建筑彩绘遗存极少。受官署衙门建筑的影响，苏南地区大型住宅、祠堂及会馆建筑布局较为相似，按"前厅后堂"布局，一般在五进以上，多则有七进。在这类住宅的主轴线上通常会依次建有门厅、轿厅、茶厅、大厅及堂楼，左右布置有次要住房及书房等。

建筑彩绘一般绘制于大厅的大木构之上，与大厅进行祭祀、议事、宴客等重要活动的地位相匹配，从而体现彩绘所属空间在整体建筑群所占的秩序位置及精神功能。彩绘样式基本皆是包袱锦彩画，处于梁枋、檩条的枋心部位，往往会在使用的华文或花卉中心贴金，配合山雾云与抱梁云作雕刻彩绘或贴金装饰，进一步彰显彩绘所附大木构件在大厅里的空间意义。这部分建筑彩绘以常熟的彩衣堂（图2-2）和苏州的明善堂、凝德堂等为代表。

明代政府有"庶民居舍，不得饰彩色"的规定，清代官方所定的等级更为严格，可江苏地区除官宦之宅外，虽建筑大体上呈现等级之分，但建筑彩绘的使用上有普遍僭越的倾向，以苏南地区的文人住宅为代表。此类住宅一般是前后三进，分别为墙门、大厅、内楼。彩画仅存在于大厅的明间、次间脊檩之上，以三段式构图"藻头 - 枋心 - 藻头"为主，枋心中部包袱锦内的吉祥图案贴金。彩绘构图和色彩相对较为简单，整体追求富丽和典雅的效果。脊檩位于建筑内部空间的最高点，将单独的彩绘放在脊檩上，并于枋心处用金，遵循空间等级做出装饰，既符合主人的身份，又呈现出居者对于生活取向和愿景的祈望，保存较好的有苏州地区的久大堂、遂高堂、粹和堂等。

图 2-2　常熟彩衣堂彩画（文后附彩图）

　　江苏地区传统建筑中的官署与殿堂式住宅类似，只是格局更大，如江苏学政衙署的十三进格局是按照风水理论中的穿宫九星法营造的布局，江苏巡抚衙门中轴线上原有七进建筑，所以建筑彩绘样式与绘制部位也基本没有大的区别。即使是现存建筑彩绘的太平天国时期忠王府、戴王府、辅王府和护王府四座王府，也不过是部分多出了板壁绘画和壁画，其他也区别不大。有两座乾隆行宫（徐州、宿迁）建筑彩绘属于官式彩画，是为特例。

　　鉴于庙宇在古代社会功能中的重要地位，庙宇内的彩绘往往经过多次重绘。现江苏地区传统建筑中保存的庙宇彩绘多数为清代绘制，一般以在大木构上的大面积彩画为主，通常在梁、枋、檩上绘有暖色为主色调的包袱锦或堂子画，如苏州西园寺木构彩画、江阴文庙木构彩画、苏州城隍庙木构彩画。有些庙宇同时有大木构上的彩画和藻井、天花彩画，而部分只有天花彩画，彩绘内容系以宗教题材为主的纹样，在统一主题内稍加变化，如苏州北寺塔观音殿天花彩画（图 2-3）、苏州云岩寺大雄宝殿天花彩画、镇江焦山大雄宝殿天花彩画。

图 2-3　苏州北寺塔观音殿天花彩画（文后附彩图）

纵观江苏地区传统建筑庙宇、官署、祠堂、会馆和民居的建筑彩绘，可见江苏地区建筑彩绘主要集中在大木构架上，小木作部分只见庙宇中的天花部分。所以，通过建筑类型和建筑构件对江苏地区传统建筑彩绘进行分类，除庙宇与民居在彩绘色彩上反差大一些，其余类似处较多，无法如官式彩画一样，难以厘清规律。

关于江苏地区传统建筑彩绘的等级，未见有针对该区域详细和系统划分的先例。建筑彩绘等级虽然在建筑上有所体现，可评定起来十分困难。除去两座乾隆行宫之外，四座太平天国时期王府的建筑彩画与民间传统建筑中大型住宅亦无多大区别。建筑彩绘等级的详细划分自北宋始，宋代《营造法式》卷二十八"诸作等第"对建筑彩绘的等级做了明确的规定："五彩装饰（间用金同）；青绿碾玉。右（上）为上等。青绿棱间；解绿赤、白及结华（画松文同）；柱头、脚及槫画束锦。右（上）为中等。丹粉赤白（刷土黄同）；刷门、窗（版壁、义子、钩阑之类同）。右（上）为下等。"由此确定了传统建筑彩绘大体上可分为上、中、下三个等级。

虽然江苏地区传统建筑彩绘没有具体的划分方法，可苏南地区的传统建筑彩绘根据文献记录归纳，统一后主要认为苏南地区的建筑彩绘可分为上五彩、中五彩、下五彩三个等级。上五彩、中五彩、下五彩等级的划分，主要通过用金量、工艺、造价来区别。可是按照此种划分方式，就要面临由于普遍僭越的倾向，贴金在江苏传统建筑民居中的大部分建筑彩绘中都有使用的现象。此外，因为建筑彩绘在江苏地区无固定的程式，附属在木构架上的彩画绘制比较随意，加上绘制技法丰富多样，应用该标准有些难以区分。何况在同样一座建筑中，有时也会出现强调色彩、构图和纹饰与环境和建筑构件的更好融合，不同等级的建筑彩绘共存的现象。

从彩绘工艺来看，江苏地区传统建筑彩绘大致可分为四种类型：一是不打底，直接使用颜料胶绘制的彩画，该类型有做衬色和不做衬色两种；二是利用油灰等打底，依据木构的拼帮与否等因素，底层的厚度有别，再做白色和黄色衬色，其后用颜料胶绘制的彩画；三是在漆底上贴金或泥金绘制成的图案形成的彩画，往往与雕刻结合；四是较为特殊的贴纸彩画。

根据建筑彩绘构图，结合工艺特征，江苏传统建筑彩绘梁、枋、檩上的彩绘可大致分为三种形式：其一为通体彩画。一种是梁、枋、檩通体绘制彩画直达构件两端，在早期多为满堂锦，图案为几何纹和织锦纹，如图2-4所示；另一种则是在椽子上遍绘松木纹，沿木构件通长仿绘松木纹路；还有一种类似于官式苏画中的海墁式，在木构表面作衬色，其上绘花卉或异兽图案。此类彩画一般属于衬色的做法，有薄的底层或无底层。

图2-4　宜兴市徐大宗祠建筑彩绘（文后附彩图）

其二为箍头包袱彩画。关于包袱彩画的定义，陈薇教授在《江南包袱彩画考》一文中指出："所谓包袱彩画，是形如用织品包裹在建筑构件上的彩画。"此种彩画一般为三段式，除在梁、枋或檩条中段绘包袱锦外，另如北方在端部绘箍头图案，但与北方区别在于找头部分往往不绘图案，只刷素油，或只绘锦纹、松木纹，无北方建筑彩绘箍头的严整与规范。有少量仅有箍头无包袱的建筑彩画，用于大木构架的次要构件，如图2-5所示。该种彩画通常在包袱锦和箍头处打底后衬色，其余部分为无底层处理。

图 2-5 如皋定慧禅寺建筑彩绘（文后附彩图）

毛心一先生在 20 世纪 70 年代通过对彩画匠师的访谈了解到，清末江苏的苏南地区将建筑彩绘（彩画）称为堂子画，这类彩画依据木构架长短分为三部分，中间部分称为堂子或袱，左右两端叫包头，靠近堂子的两端称为地。堂子部分有景物堂子、人物堂子、清水堂子、花锦堂子之分。花锦堂子延续了包袱锦彩画的特点，其他则各以花鸟、山水、人物画为主，在太平天国忠王府、苏州西园寺中应用广泛。此类建筑彩绘可视为三段式箍头彩画中段绘包袱锦的变化，亦属箍头彩画之列。堂子彩画为便于体现色彩，一般做白色底层和衬色。

其三是在梁、枋或檩条中段画包袱锦或堂子画，无箍头，仅在木构上绘制包袱彩画，如图 2-6 所示。这种彩绘亦是一般做白色底层和衬色，中心图案有时会有贴金的处理。

图 2-6 苏州市忠王府后殿建筑彩绘（文后附彩图）

至于江苏地区包袱锦彩画的形制，无论有无箍头，其与江南包袱锦彩画一样有四种形式："系袱子",指三角形袱子图案尖端向上,如同锦袱系在梁檩上;"褡袱子",指三角形袱子图案尖端朝下,如同锦袱搭在梁檩上;"直袱子",指方形袱子图案直裹在梁檩;"叠袱子",指在直袱子上再叠一个系袱子(或搭袱子)图案。有时会有少量包袱锦正中开光绘画吉祥纹样,或绘制花鸟异兽等。

小木作上的天花彩画,江苏地区现见到的个例较少,皆存在于庙宇中,基本属于清代中晚期绘制。天花彩画一般以黄白色作衬色,其上绘五彩的缠枝花卉、祥瑞异兽和宗教题材纹样,无贴金做法。例如,苏州玄妙观三清殿为宋代建筑,可天花彩画风格为清代样式,应属于重修后绘制。其中两例天花彩画伴有藻井,为江南地区常见的八角藻井,以求在建筑内部的不同空间渲染不同的气氛。传统的观念上藻井是具有神圣意义的一种象征,所以藻井多用在宫殿、寺庙中宝座、佛坛上方最重要部位。扬州重宁寺藻井即是如此,其向上凹进如井状,四壁饰有藻饰花纹,顶心"明镜"中心绘蟠龙,如图 2-7 所示。

图 2-7　扬州重宁寺天花彩画(文后附彩图)

江苏地区的藻井亦只存在于庙宇中,为配合庙宇的格局和装饰,如镇江定慧寺天花彩画,其与顶棚天花同时出现,无法分离,故可归为天花彩画一类。天花彩画由于属于拼帮的木构,皆会利用油灰等打底,且底层较厚,尽量避免拼帮的木构对表面彩绘颜料层的影响。

汇总前述分析,可见江苏地区传统建筑彩绘无论使用何种单一的分类方法,都无法取得让人满意的结果。现综合建筑类型、建筑构件、彩画等级和彩画构图等诸多因素,总结后试之分类,大体可将江苏地区传统建筑彩绘分为四大类：通体彩画、箍头包袱彩画、单包袱彩画、天花彩画。除通体彩画需除去两处官式彩画（皆为乾隆行宫），对绝大多数江苏地区的传统建筑彩绘，依据该分类方法基本可找到明确的类别。就彩画工艺上分，也可分为四大类：直接绘制、打底衬色、贴金漆作和贴纸绘制。

当然，依上述标准而分，尚未达到精确细致的地步。例如，通体彩画亦可细分为锦纹类、松木纹类和海墁式，箍头包袱彩画还可分为包袱锦和堂子画等。同时，不同的建筑彩绘工艺也往往出现和存在于同一建筑中，不能一概而论。所以当前提出的分类方法亦是仅作参考，还需在此基础上再多方面归纳、总结后进行提炼，也有待进一步探知其整体中存在的共性。

第三节　传统制作工艺调查

对江苏地区无地仗建筑彩绘传统工艺进行调查，一方面，有助于了解彩绘的制作材料及绘制过程；另一方面，有助于了解无地仗建筑彩绘褪变色病害产生的原因，为无地仗建筑彩绘的保护提供依据。另外，对于本书研究模拟实验样品的制作具有重要的指导作用，可保证样品的制作工艺与传统工艺更为接近。

2007～2009 年，笔者在江苏苏州木渎镇对江苏苏州地区祖传四代传统建筑彩绘匠师顾培根师傅进行了多次访谈，其父亲顾德均、祖父顾琴香、曾祖父顾××（姓名已不详）皆为当时苏州地区有名的建筑彩绘艺人。后期在顾培根师傅的介绍下，本书课题组对其师叔辈的薛仁元师傅亦进行了访谈。而江苏其他地区的调查，均未发现有本地的传统建筑彩绘匠师。

一、传统制作材料与工具

从对江苏地区传统建筑的调研可知，江苏地区的传统建筑历来有使用彩绘作为建筑装饰的习惯。在起到装饰建筑、保护木材和体现等级等多方面功能的同时，江苏地区的传统建筑彩绘的绘制工艺具有鲜明的地方特点，题材内容丰富多彩，绘画风格也清新雅致。

因此，以对顾培根和薛仁元师傅的访谈为主，结合文献资料，可将江苏地区传统建筑彩绘的制作材料与工具概括为绘画颜料、胶料与胶矾水、绘画工具、衬地材料、打磨工具和辅助工具六大类，分述如下。

（一）绘画颜料

依据文献记载，结合对传统工匠的调查，能够大致总结江苏地区传统建筑彩绘使用的绘画颜料，如表 2-15 所示。

表 2-15　江苏地区传统建筑彩绘颜料一览表

名称	矿物名/别名	分子式/晶系	颜色
白垩	方解石和冰洲石	$CaCO_3$	白
白云石	白云石	$CaMg(CO_3)_2$	白
铅白（铅白本身和它的名称都相当复杂，历史上有铅粉、胡粉、吴粉、宫粉、韶粉、粉锡、解锡、铅白霜和铅霜等名称）	白铅矿	$m\,PbCO_3 \cdot n\,Pb(OH)_2$	白
	水白铅矿	$m\,PbCO_3 \cdot n\,Pb(OH)_2 \cdot p\,H_2O$	白
石膏	生石膏	$CaSO_4 \cdot 2H_2O$	白
	硬石膏	$CaSO_4$	白
	半水石膏（熟石膏）	$CaSO_4 \cdot 0.5H_2O$	白
高岭石	高岭土、白土、瓷土	$Al_2Si_2O_5(OH)_4$	白
石英	无色透明的石英称为水晶	$\alpha\text{-}SiO_2$（三方晶系）	白
云母	白云母	$KAl_2Si_3AlO_{10}(OH)_2$	白
朱砂	辰砂、丹砂，如用化学方法制成，称之为银朱	HgS 有两种天然晶形结构：一种是六方晶系的辰砂，色艳；另一种是立方晶系黑辰砂，色棕至黑色	红
土红	红土、土朱、铁丹	$\alpha\text{-}Fe_2O_3$	红
铅丹	红丹	Pb_3O_4	红色、橘红色
雄黄	雄精、鸡冠石	As_4S_4	橘红色
群青	天然群青称青金石、金精、蓝赤、佛青	$(NaCa)_8(AlSiO_4)_6(SO_4,\ S,\ Cl)_2$	蓝
石青	蓝铜矿	$2CuCO_3 \cdot Cu(OH)_2$ 单斜晶系	蓝
藏青	藏蓝	无定形的 Fe、Co、Ni 的砷化物	蓝
花青	靛青	靛蓝成分为主	蓝
碱式氯化铜	氯铜矿	碱式氯化铜 $Cu_2(OH)_3Cl$	绿
	水氯铜矿	水合碱式氯化铜 $Cu_2(OH)_3Cl \cdot 1.5H_2O$	绿

续表

名称	矿物名/别名	分子式/晶系	颜色
石绿	孔雀石	$CuCO_3 \cdot Cu(OH)_2$（单斜晶系）	绿
官绿色	文献记载	槐花与蓝淀	绿
蓝绿色	文献记载	黄藻与静水	蓝绿
油绿色	文献记载	槐花与青矾	绿
炭黑	—	无定形 C	黑
石墨	—	C	黑
象牙黑	文献记载	未知	黑
乌贼褐	文献记载	含"有机色素"78%，$CaCO_3$ 和 $MgCO_3$ 共20%，杂质2%	褐
烧蛭石	蛭石又名水金云母、猫金	$H_{13}(Mg，Fe)_2(Al，Fe)_2Si_3Ol_3$	金、银
金	—	Au	金
银	—	Ag	银
黄赭石	铁黄、土黄	显色物相是 α-FeOOH（即铁黄）	黄
石黄	雌黄	As_2S_3	黄
藤黄	β-藤黄苯、α-藤黄素、γ-藤黄素	$C_{32}H_{44}O_8$、$C_{34}H_{34}O_4$、$C_{23}H_{23}O_6$	黄
槐黄	色素成分为芸香贰，又名槐黄素	槐花蕾晒干浸出	黄
胭脂	红色色素	"红蓝"的花朵反复杵槌，淘去黄汁后制成	红

从统计结果看，江苏传统建筑彩绘使用的颜料种类繁多，几乎涵盖了中国古代绘画常用的所有颜料。植物颜料花青、胭脂和绿色颜料氯铜矿皆应用于建筑彩绘之中；同时为寻求丰富的色彩变化，不仅以铅白调兑红蓝绿颜料成二色颜料作为晕色或间色，还使用朱砂与土红、朱砂与铅丹等混合颜料。此外，存在以植物颜料先做底色，其后再施矿物颜料的绘画方法，与传统中国画的一些绘制方法一致。

（二）胶料与胶矾水

调查显示，清末苏州地区建筑彩绘常用的胶仍是动物胶中的骨胶，当地俗称为"黄鱼胶"。优质上等的胶可以使建筑彩绘颜料层保存数百年之久，有"百年传致之胶，千载不剥"之说。骨胶在建筑彩绘中既用来调和各色颜料形成不同的颜料胶，也在打底工序中有所应用，最后封护建筑彩绘表面也需用到调制好的胶矾水。

用骨胶调颜料时，兑水量应四季有别。另外根据颜料的不同特点，用胶量也不尽相同，一般这些均取决于工匠的经验。此外，关于胶的熬制，动物胶熬制后容易腐败，通常为即调即用。清代邹一桂《小山画谱》中有记载曰："冬月隔宿胶可用，夏月隔宿胶不可用。"

江苏地区传统建筑彩绘还可能使用了鱼鳔胶作为调和颜料的胶料。唐代张彦远在《历代名画记·卷二·论画体工用榻写》中写道："吴中（江苏）之鳔胶，东阿（山东）之牛胶，漆姑汁炼煎，并为重采，郁而用之。"可见江苏地区出产的鱼鳔胶在千年前就已应用于绘画之中。文献记载中也存在以鱼鳔胶衬底和贴金的做法，如《营造法式》"彩画作"衬地之法："贴真金地：候鳔胶水干，刷白铅粉，候干又刷，凡五遍。"所以，不能排除完全使用鱼鳔胶制作建筑彩绘的情况。从实际使用的效果来看，鱼鳔胶黏性较高，用于衬底和贴金的效果较好，调和颜料方面则不如骨胶。

（三）绘画工具

彩画绘画工具主要有刷子、碾子和毛笔三大类，多为工匠自行制作。刷子主要用于衬色工序中，有斜口和齐口两种，一般为 2 寸[①]、2.5 寸。刷大块面彩绘时使用齐口刷，绘制棱角等处使用斜口刷。碾子亦有大小之分，绘制彩绘时用于拉箍头线、画锦纹、拉白勾黑。毛笔分软毫和硬毫，使用"湖笔"为多。在调查中得知，中华人民共和国成立前江苏苏南地区的彩画匠师往往会自制画笔，一方面可依据建筑彩绘的纹饰特点进行设计，另一方面可节约成本。这类画笔由猪鬃（头发）、生漆与竹竿制成，如用后磨损，可剪去受损的笔尖，属于能够多次使用的工具。

（四）衬地材料

虽然江苏地区清代中期以前的建筑彩绘基本为无地仗彩绘，但并不意味着木构表面不经加工就可以直接绘画。如果木构表面不处理就直接进入绘画工序，很有可能会导致产生彩绘色彩深、浅不匀。因此，江苏地区建筑彩绘一般需将木材表面打磨光滑后，做衬地的处理。

衬地材料主要有老粉、小粉、瓦灰等，以胶水（动物胶）、大漆、光油

---

① 1 寸≈3.33 厘米。

等做调和剂，使用方法为调好衬地材料后，施于木构上，待干后打磨见木构表面纹理显现。

（五）打磨工具

传统打磨的工具有磨刀石、小石头磨子、瓦片、沙叶和木贼草等，往往根据不同的打磨需求，加工成长、方、圆、扁、三角等不同形状。

江苏苏南地区传统使用的打磨材料主要分三类：青砖、瓦片、石材。其中石材种类较多，苏州当地产的即有俗称的灿灰石、黄泥石（也称黄砂石）、紫砂石、奇屋石等可满足建筑彩绘各步骤所需的打磨要求。例如，灿灰石的颗粒最粗，用于最初的打磨；黄泥石较粗，可用于进一步打磨；紫砂石比黄泥石更细，可做衬底的最后打磨；奇屋石最细，能打磨彩绘表面，效果可媲美上千目的砂纸（图2-8、图2-9）。

图2-8　制作打磨工具的石材　　　　图2-9　制作好的打磨工具

（六）辅助工具

此外，江苏建筑彩绘的辅助工具还有用来画直线的靠尺，调配底漆、批灰的牛角板，用来盛放颜料的大小不同的碗碟，研磨颜料的瓷钵，贴金用的沥粉器和金夹子，揩漆用的丝头，各类大小不等的头发刷子和猪鬃刷子等。

二、模拟复原

模拟复原的对象主要从江苏苏南和苏中地区选取，选取的六个建筑彩绘样本，从类型和年代上可基本涵盖和代表江苏地区传统建筑明清彩绘的整体面貌，也基本可以体现出江苏地区建筑彩绘的主要制作工艺。例如，徐大宗祠彩画有别于同时期苏南区的包袱锦彩画，彩画整体呈暖色调，绘制技法高超，风格与宋代彩画作中等级较高的"五彩遍装"相似，又有着接近明代官式旋子彩画的早期形式的旋花。苏州楠木厅明间脊檩彩画则是典型的苏南包袱锦彩画，图案以织锦纹样为主，枋心中部贴金有当时常见的"笔锭胜"。至于太平天国时期苏州忠王府彩画精雅秀丽，戴王府彩画清新简洁，均为清末江苏地区传统建筑彩绘中"写实"彩画的杰出之作。

模拟复原的方法为对应相应的文献检索，以传统工匠结合科学分析检测结果进行操作，尽可能地还原其历史面貌和探索工艺流程。模拟复原试验在江苏苏州市木渎镇顾培根师傅家中完成，选用的彩画颜料以天然矿物颜料为主，购自苏州姜思序堂和北京金碧斋，胶选用了苏州传统漆店的骨胶。

因为旧木材的含水率比较稳定，不容易由于自身形变开裂造成绘制的彩绘层受损，更适合作为彩绘工艺模拟复原的底材。所以在苏州市木渎镇旧木市场购买了与准备复原彩绘建筑木构一致的木料，从中挑选了质量较好的老杉木柱、杉木板和松木板等作为复原底材。下面以明代徐大宗祠次间脊檩彩画和苏州楠木厅明间脊檩彩画模拟复原为例，对江苏地区建筑彩绘工艺模拟复原的具体操作进行说明。

（一）明代徐大宗祠次间脊檩彩画的模拟复原

明代徐大宗祠建筑彩绘是明代四朝元老徐溥的家族祠堂，位于宜兴市宜城镇溪隐村。其建筑结构保存了始建时的原貌，梁架构件几乎遍饰彩绘，以暖色调为主导，间入青、绿、黑、白、金等色。除梁檩中心绘包袱锦与云纹仙鹤外，其余大木构件部位皆绘有华纹和慧草。

复原选取了徐大宗祠的次间脊檩彩画，此幅彩画以土黄色作底，暖色的樟丹色为衬色，纹饰以宝相花与卷草纹为主，在绿色卷草纹和宝相花的绘制上运用了叠晕的技法。另在花心部位点金，枋心包袱为梯形，内绘有祥云图案。通过相应的分析结果可知，底色为土黄，作为衬色的樟丹色是朱砂和铅丹的混合色，绿色卷草纹使用的颜色为石绿，青色旋花凤翅瓣使用了石青，红色的内圈旋瓣为朱砂。花蕊内点金为平贴金，未见有沥粉现象。

徐大宗祠次间脊檩彩画复原工作的步骤如下：①选了尽量接近原构件

大小（平面面积）1/2 和 1/4 的旧松木板两块，作为复原彩画的底材；②先用白土加胶水填平木缝，消除木材表面裂缝及各种凹凸不平之处，反复打磨至平整，直至见木纹后以土黄遍刷衬底；③根据图样长宽尺寸用墨线打稿呈米字格，定出主要纹样中线和交叉线，采用覆稿的方式将用 CAD 软件复制的彩画图案谱图背面刷以土红粉，将主要纹样描绘在衬底的黄色上；④调制好各色颜料胶，先用毛笔绘上主要的樟丹色，布色与勾边后再填入红、蓝、绿大色描绘宝相花旋瓣和卷草纹；⑤以红、蓝、绿三色做宝相花旋瓣和卷草纹的退晕等手法处理，在纹样最边缘处皆绘白边，压黑线；⑥在宝相花花心部位用广漆作平贴金处理，勾黑线压边；⑦绘制和贴金等全部结束后，表面施 2～3 遍胶矾水作为保护层，每次施完胶矾水待干后，即用玛瑙进行多次抛光，最终完成模拟复原。

（二）苏州楠木厅明间脊檩彩画

苏州楠木厅明间脊檩彩画，为江南地区典型的明式包袱锦彩画，该脊檩长度约为 2400 mm，直径约为 400 mm。在纹样类型上属于六出龟背锦上添花，并且在枋心中部贴金"笔锭胜"图案。

由于大部分颜料已经褪变色，其中，蓝色与绿色颜料已经变为深褐色，二青与二绿颜色变浅，与白色非常接近，红色与金箔还可辨识。根据实验分析检测，这幅彩画主要使用了石青、石绿、朱砂、铅白、墨、金箔六种颜料，现总结复制工艺如下：①购买木材均为旧木料，此块样板的木料为旧的杉木板，宽度为 400 mm，接近檩条实物的直径，从长的木板中锯出一块长度为 1500 mm 的木板，并对旧木进行加工，待用；②在木板表面刷胶粉一道；③待干透后，将木表用砂纸打磨光滑；④为了保证木表不露底色，在木板表面刷胶粉二道；⑤待干透后，将木表用砂纸打磨光滑，使得木材表面平整，易于上色；⑥试验中未采用拍谱子，直接采用覆稿方式，在纸的背面刷土红粉；⑦将图案拓到木板上；⑧龟背锦以青绿为主色，其余诸色为辅，先在白色的底子上做出二青与二绿两色；⑨布细色，压大青与大绿，在出剑处施红色，打金胶用金箔贴"笔锭胜"图案，"笔锭胜"金箔轮廓以墨线齐金，再勾白粉线，画龟背锦中部的小花，最后勾黑线；⑩彩画设色完成，待干后，在表面罩胶矾水（图 2-10）。

经过上述对江苏地区传统建筑彩画的模拟复原工作，传统彩画在江苏地区传统建筑彩画的制作流程上有了更全面的认识，在实际操作中厘清了原先模糊不清的制作工序和方法，为深入探讨诸多独特的制作工艺奠定了基础。与此同时，对模拟复原的整个过程以摄像、拍照等方式进行了全面记录，为进一步研究江苏地区建筑彩绘的传统制作工艺保存了相应的资料。

图 2-10　顾培根师傅夫妇与完成的模拟复原彩画

注：左起分别为常州戴王府梁栿彩画、苏州楠木厅明间脊檩彩画、徐大宗祠次间脊檩彩画（1/2）、徐大宗祠次间脊檩彩画（1/4）、苏州忠王府门厅内檐枋彩画、宝纶阁次间檩条彩　画、李家弄上厅天花彩画的模拟复原。

（三）相关问题的讨论

随着模拟复原工作的完成，从保存时间较长的模拟复原样本来看，仍存在着一些问题有待解决，这些问题也是今后保护和研究江苏地区传统建筑彩绘必须面对的问题。例如，明代徐大宗祠彩画的模拟复原，以土黄为底色，施有衬色，如今局部出现了颜料层起翘、龟裂，露出土黄底色，乃至与基底木材分离的现象。而直接以铅白和大白粉为底色的彩画，基本都保持着制作后的原貌，除画面略微发暗外，未见有大的变化。

上述现象与现实中江苏地区传统建筑彩绘的保存状况有类似之处，就调研的总体情况来看以土黄为底色的彩绘龟裂、脱落的现象相对白色底色的彩绘要高。

究其缘由，以土黄为底色的彩绘易出现问题，有可能是采用土黄为底后与木材等的结合性不如铅白和大白粉，也有可能是土黄颜料自身存在材质的差异和加工程度不同所致。当然，江苏地区传统建筑彩绘中也存有以土黄为底色的彩画保存情况相对尚可的实例。所以，模拟复原样本均出现该现象，是否与模拟复原时土黄作为衬底时的颜料胶配制浓度有关，还有作为衬底时土黄颜色层打磨的光滑程度亦是需要考虑的问题。

由此引出的问题就关联到江苏地区传统建筑彩绘底层的处理技法，绘画时小色、复色和间色调制的合适配比，以及其绘制的工艺等等。虽然据目前的调查和检测分析结果能够揭示部分原委，可具体确定却存在着相当的难度。这也是以后更好地对江苏地区传统建筑彩绘进行模拟复原的难点所在，就目前来看尚需更多的科学分析结果和大量的实践工作作为支撑，方能实现对江苏地区传统建筑彩绘工艺的真正认知。

三、操作流程

如上所述，在顾培根师傅的帮助下，本书课题组完成了部分江苏明清时期无地仗建筑彩绘的复原工作。依据复原工作可将无地仗建筑彩绘的传统工艺操作归纳总结为以下五个步骤。

（一）打底

（1）木材处理成平整光滑，无须打底，可直接在其上进行绘制。如图 2-11 所示。

（2）大漆调和小粉（或菱粉和藕粉），再加入瓦灰调匀后打底，干燥后磨至光滑平整。配比为生漆 1 斤[①]、小粉 3～4 两、瓦灰 1 斤半，是顾培根师傅认为彩绘打底子的最好做法。

（3）光油加石膏粉（或铅白）搅拌均匀，同时需加入少量水调制。现代以光油加钛白粉（或立德粉）也可作为衬底，光油以松香水稀释；使用的石膏粉一般要自行烧制至雪白，并以细筛子过筛后方能使用。

（4）老粉（白土）加胶水，为使之更加牢固，可加入少许光油，不加也可。第二遍以白土加胶水再刷时，胶水的浓度要约低于第一遍，完成后如图 2-12 所示。

（2）～（4）中的每种做法都可以作为打底方法单独使用，做白色衬底时不局限于铅白、石膏、老粉，传统的白色颜料都可以用于制作白色衬底。一般打底需至少进行 2 次，如 2 次后效果不佳，再进行至效果良好为止。每次打底都要求必须打磨至平整光滑，最后一遍打底后更需磨得极为平整，便于以后的上色与绘画。

---

① 1 斤 =10 两 =0.5 千克。

图 2-11　处理平整光滑的木材　　　　图 2-12　白土加胶水打底

同时，也存在以退光漆为底的情况，以退光漆为底通常是为贴金做准备，一般不作为以后绘画彩绘的底层。退光漆的衬底可使用大漆反复在木材表面涂饰、打磨 4～5 遍，也可直接使用广漆涂饰、打磨 2～3 遍即可完成。

（二）打样（起谱）

苏州当地称为"打样"的方法，即北方建筑彩绘中的起谱子做法。先根据需绘制的图案，在尺寸相同的皮纸上绘制好样稿。再于样稿表面扎均匀的针孔，以颜色粉袋拍打，使色粉透过针孔在衬底上形成点状图案，勾绘点状图案可复制出完整的图案。图 2-13 为拍好的谱子。

另有一种打样方法，当地称为"覆稿"。该方法也是先在尺寸相同的皮纸上绘制好样稿，再在样稿的背面刷上一层薄而均匀的红黄色颜料粉。其后固定于需绘制彩绘的木材表面，根据彩绘图案用尖锐的木笔等在样稿正面描绘一遍，也可以在衬底上复制出完整的图案，如图 2-14 所示。

图 2-13　拍好的谱子　　　　　　　图 2-14　覆稿图片

此外，打样还有在木构和衬底上以墨线定位后，直接绘制出彩绘图案轮廓的做法。该做法难度较大，要求绘制人员具备相当娴熟的技艺。

（三）调色

一般用配制好的骨胶胶水来调兑绘画用的颜色胶。骨胶胶水的配制方法是先将适量骨胶浸泡在开水内，放置一段时间后再加入一些水熬煮一会儿，至骨胶完全溶解。骨胶与水的比例以 1:5 左右为宜。

使用颜料和胶水调兑颜色胶，可以通过在木材侧面涂刷的方式，来辨别颜料和胶水的配比是否合适。如颜料胶出现向下流淌、颜料和胶水分离、表面有孔状等现象，则说明颜色胶配比不当，需重新调兑。调兑好的颜色胶，即可以用于彩绘的绘制。

调兑好的颜色胶分大色、二色等，如图 2-15 所示。其中，大色为红、绿、青、白、黑五色；二色是指将红、绿、青三种大色兑入调好的白色（铅白）颜料胶，制成比原色浅一个色阶的颜色胶。

图 2-15　调兑好的大色和二色

因无地仗彩绘通常晕色只使用二三个色阶，不超过五个色阶，所以颜色胶的调配主要以大色和二色为主。大色的配比大致如表 2-16 所示，颜料主要是矿物颜料。

表 2-16　颜料与胶水调配比例表　　　　　　　　　（单位：份）

颜色	颜料	数量	胶水	水
红色	朱砂	1	1.5	1.0
	土红	1	1.5	1.0
绿色	石绿	1	0.5	0.5

续表

颜色	颜料	数量	胶水	水
蓝色	石青	1	0.5	0.5
	群青	1	0.5	0.5
白色	铅白	1	0.3	0.2
	白垩	1	0.3	0.2
黑色	使用墨汁			

二色用调制好的铅白胶兑入红、绿、青三色颜料胶即可，铅白胶与颜料胶比例为 1:2。三色等以此类推。

（四）绘画

使用颜料胶绘画时，通常先绘制大色，再绘制二色或晕色（图 2-16、图 2-17）。在使用颜料胶完成刷色后，为使绘制的图案突出和明显，拉黑、白线与金边。以鱼鳔胶、广漆、光油等材料涂刷在需贴金部位，待半干后进行贴金。有时为追求更好的效果，也会使用泥金绘画金色。

 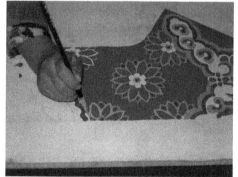

图 2-16　绘制大色　　　　　　　　图 2-17　绘制二色

（五）磨光

在彩绘的绘制完成后，进行缺失遗漏的检查。检查后施胶矾水（白芨汁、光油等）对绘制完成的彩绘进行封护。待完全干燥后，再以玛瑙、狗牙等对完成封护的画面做打磨抛光处理（图 2-18），彩绘制作至此全部结束。

图 2-18 用玛瑙打磨

　　除通常所见的梁枋彩绘外，还存在椽子彩绘的传统做法。椽子彩绘的制作方法可概括为先做类似木材色泽的底色，一般用光油加白土调和后加入一定的黄色颜料，这样可使调制出的颜色与木色接近。然后打磨至平整光滑，以红色的颜色胶绘画图案。

四、相关独特工艺

　　调查中还发现，江苏地区传统建筑彩绘存在诸多的独特工艺，对其的抢救性保护与调查整理一样迫在眉睫。诸如有油漆打底后进行彩画，或用大漆作为建筑彩绘的底层后进行绘画，尽管现存的古建遗构，极少见到髹漆彩画实物的留存，然而在江苏地区的三个主要区域内都有相关文献记载和实物遗存。

　　生漆或广漆的使用非常适合南方潮湿的气候，且在传统建筑中使用有着悠久的历史。例如，《春秋谷梁传·庄公二十三年》内记载"桓公以丹漆霖饰楹柱"；《髹饰录·坤集·单素第十六》提到"髹涂房屋梁柱多用单漆"。因为江苏的大部分地区都拥有利于生漆或广漆正常干燥的环境条件，特别是在长江以南的地区，所以江苏苏南地区的传统建筑彩画往往会在制作中使用生漆或广漆，以更好地与建筑木构上的漆作相契合，有别于江苏长江以北地区建筑木构少用漆作，以及北方传统建筑彩画主要使用桐油为主，如在江苏传统建筑中彩画的贴金、沥粉等工序中使用广漆而不用北方常用的金胶油等。

目前依据调查和文献记载，虽然缺乏详尽可靠的工艺记录，但按建筑彩绘的工艺不同来分，关于江苏地区传统建筑彩绘的相关独特工艺主要有以下几种。

一是大漆为底层，贴金等作为彩画。此种做法相对较为常见，通常为做红色大漆底层后贴金作为彩画的主要图案。此外，有贴金后配以嵌螺钿、云母等特殊的装饰工艺，具体是在木构涂以大漆，贴金的同时再在其上其他部分撒云母、撒螺钿。这种做法的最大特点在于彩画图案主要依靠贴金箔和漆朱红来体现，表面的修磨、刮填、上漆、贴金、描花十分讲究，其后经过云母、螺钿的处理（图2-19），这些构件在建筑内部的视觉效果非常好，往往会使人有眼前一亮之感，突出了建筑彩画的装饰性。

图 2-19　苏州清代民居斜撑雕饰

二是漆灰或大漆为底，金线内嵌形成彩画图案。先在彩画的画稿后面刷白粉，在正面用硬笔描画一遍，黑色的表面就会留有彩画的图案，也可用白粉笔在黑色底层上直接画出要绘制的图案或纹饰。用瓦灰混合生漆、熟桐油、金粉成金泥搓成细金线，先在底层上按图案刻出低陷的线条，后在彩画花纹凹进去的地方填上细金线，经打磨到平面光滑并作推光，完成后即以镶嵌金线作为彩画图案。

此种做法类似于《髹漆录》中的"填漆"工艺，如图2-20所示。以金线作为彩画图案，则可能是与地方传统漆作结合后的结果，也与潮州等地的金线漆的做法较为相似。

图 2-20 常熟清代民居山花壁板金彩画

三是贴纸彩画。贴纸彩画的工艺较为复杂，系在木构件上先刷大漆，贴好麻布后做漆灰衬平刮直，其后刷红色漆贴纸，再于纸上用各色颜料胶进行绘制，并有些部分做平贴金或沥粉贴金。沥粉贴金还采用了含金量不同的金箔，以达到由不同色彩组成的装饰效果。陈薇教授20世纪80年代在对江南地区彩画调研时就曾发现有贴纸彩画的存在，在与江苏地区相邻的徽州地区亦有板壁大面积贴纸质版画装饰建筑的遗存。贴纸彩画也有纸上开缝填金，以金线内嵌形成局部彩画图案的做法（图 2-21）。

图 2-21 小南园贴纸彩画（局部）

简言之，正因为生漆或广漆在江苏地区传统建筑中的广泛使用，一些漆器制作的传统工艺也与江苏地区传统建筑彩绘的制作结合起来，才产生了上述林林总总与建筑彩绘有关的特殊装饰工艺。

第四节　样品来源

为配合地方城市的文物保护工作，在对江阴文庙、无锡曹家祠堂、常熟彩衣堂、常熟赵用贤宅、苏州张氏义庄等古建筑无地仗彩绘进行保护的同时，选取了江苏无地仗建筑彩绘样品217个（参见附录A），包括无地仗彩绘建筑小样3个（彩绘板）。

现有分析测试的样品来自常熟彩衣堂（明代）、常熟赵用贤宅（明代）、泰州南禅教寺（明代、清代、中华人民共和国成立初共存）、苏州张氏义庄（清代）、无锡硕放昭嗣堂（明代）、江阴文庙（清代）、严家祠堂（明代）。其中，鉴于常熟彩衣堂的重要性，又进行了再次取样，后又增加了凝德堂、徐大宗祠两处样品。

在上述样品中，选取苏州地区常熟彩衣堂（民居）、苏中地区宜兴徐大宗祠（祠堂）和江北地区泰州南禅教寺（寺庙）三个不同地区、不同类型的无地仗建筑彩绘为代表，作为主要考察对象，相关背景介绍如下。

1. 彩衣堂

苏州地区的常熟彩衣堂集苏式建筑彩绘艺术之大成，彩绘图案及色彩十分丰富，具有极高的文化价值。常熟彩衣堂现存有建筑彩绘百余幅，绘画总面积超过一百平方米。建筑彩绘根据不同构件之特点采用相适宜的构图方式，主要可分为纯包袱、全构图包袱及仿官式三大类，图案严谨，别具匠心。其采用的主题图案有织锦纹、仙鹤、游龙，还绘有莲池鸳鸯、松鹤延寿、喜上眉梢等昭示吉祥之内容，局部画面上施狮子滚绣球等沥粉堆塑。1996年11月公布为第四批全国重点文物保护单位。

彩绘色彩可辨识的有红、蓝、黑、白、黄等，并较多使用了沥粉贴金、窝金等装饰手法。采集的颜料样品普遍存在表面发暗、发灰和发黑的现象，再次取样的绿色颜料内含有褐色。

2. 南禅教寺

南禅教寺位于江苏省泰州市，属明代建筑，是典型的中国木构建筑。后经历明、清、民国及近代的多次大修，掺入了各个时期的建筑彩绘风格，是不可多得的江苏建筑彩绘史教材，也是反映建筑彩绘发展演变的重要实物史料。该建筑彩绘现存面积大，保存有明、清、民国和1957年四个时期绘制的彩绘，色彩丰富，又有极为少见的人物题材等，是江苏苏北地区古建筑彩绘的优秀代表。采集的明代、清代、民国三个时期的样品都有表面发黑和污染的现象存在，部分样品含有褐色。

3. 徐大宗祠

徐大宗祠是明代四朝元老徐溥的家族祠堂，位于宜兴市宜城镇溪隐村。因梁柱为楠木，又称楠木花厅。其建筑结构保存了始建时的原貌，梁架构件几乎遍饰彩绘，除梁檩中心绘包袱锦与云纹仙鹤外，其余大木构件部位皆为华纹和慧草。徐大宗祠建筑彩绘为江苏典型的无地仗建筑彩绘，有很高的艺术价值，为江苏省级文物保护单位。部分建筑彩绘褪变色情况严重，尤其是二色部分的颜色已经难以辨认，采集样品中红黄色相对保存完好。

第五节　分析检测

国内外采用显微断面观察和显微摄影技术，对古建筑彩绘的层次结构曾进行了剖析研究。经过多种现代科学仪器分析，确定了彩绘颜料大多是天然矿物颜料。应用系统微量化学分析方法，利用红外光谱分析测定出彩绘中含有动物胶和植物胶的成分。

但上述结论主要是在有地仗建筑彩绘的研究中得出的，由于无地仗建筑彩绘的特殊性，所以还是要将所采集的样本进行基础性的物理化学分析，分析测定无地仗建筑彩绘的颜料、胶料的成分及表面胶结的类型，从而为研究提供参考。

一、分析方法与分析设备

对采集的无地仗建筑彩绘的文物样品，使用的主要分析方法和分析设备如下所示。

1. XRF 分析

采用 EDX800HS 型 XRF 分析仪系大腔体 X 射线荧光光谱分析仪，因该仪器对样品要求低，固体块状、粉末状固体都可直接分析，故将样品颜料层直接置于测试点，调节为最大孔径后进行 XRF 测试。

2. XRD 分析

XRD 分析检测时先将样品颜料层表面用软质毛刷清除干净，用手术刀片在颜料层表面刮取约 5 mg 样品于光滑清洁的纸张上。再将颜料样品置入玛瑙研钵内磨匀后移到单晶硅样品板上，并用无水乙醇将颜料粉末固定好，上机测试。

分析仪器：DMAX2000 型 X 射线衍射仪。分析条件：管电压 40 kV、管电流 300 mA、Cu 靶、扫描速度 8°/min，狭缝系统为 DS1°、SS1°、RS0.15 mm。

3.显微拉曼光谱分析

测试时，将样品直接放置样品台上，在显微镜下取十字叉点处取分析点，随后将激光直接聚焦于测试点上测试；用手术刀片在模拟样品表面切取小块，放置在载玻片上进行测试。

分析仪器为 Almega 型显微共聚焦激光拉曼光谱仪。

4.傅里叶变换红外光谱分析

分析时将少量样品置入玛瑙研钵内，与 KBr 粉末一起混合后研磨 5～10 min，使样品粉末与 KBr 混合均匀，然后在制样机上进行压片。分析仪器为 Nicolet Nexus670 型傅里叶变换红外光谱仪，附件为锗晶体智能型 ATR 附件。

二、颜料分析结果

以显微镜观察证实各部位无地仗彩绘基本上均为不打底或直接打底色后，施用颜料胶绘画。有底色的彩绘以白色为主，衬地薄而均匀。在木材和底色上直接绘制而成的彩绘，与木构件表面结合紧密，如图 2-22～图 2-27 所示。

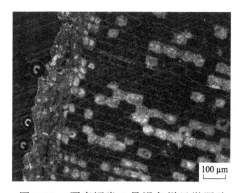

图 2-22　严家祠堂 8 号褐色样显微照片
（100×，暗场）（文后附彩图）

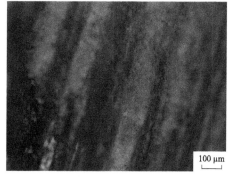

图 2-23　严家祠堂 11 号白色样显微照片
（50×，暗场）（文后附彩图）

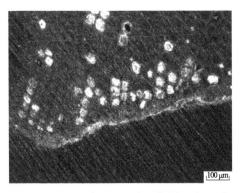

图 2-24　徐大宗祠 15 号红色样显微照片
（100×，暗场）（文后附彩图）

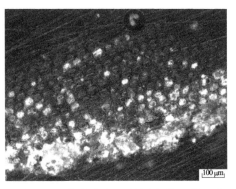

图 2-25　徐大宗祠 2 号绿色样显微照片
（100×，暗场）（文后附彩图）

图 2-26　彩衣堂 2-8 号金色样显微照片
（200×，暗场）（文后附彩图）

图 2-27　彩衣堂 11 号蓝色样显微照片
（200×，暗场）（文后附彩图）

另据目前的采样结果来看，江苏地区明代无地仗建筑彩绘使用衬地做法的较少。至清中期以后，建筑彩绘衬地比之早期有逐步加厚的趋势，清代晚期的一些建筑彩绘已基本接近或与北方官式建筑彩绘做法相似。

利用 XRF、EDX 分析样品 128 个（图 2-28、图 2-29），拉曼、FT-IR 分析样品数 76 个，XRD 分析样品数 23 个。

对上述样品的测试结果表明，江苏无地仗建筑彩绘颜料制作均匀，纯度较好，配色协调，有着极高的制作工艺和技术水平。

对江苏明、清古建筑无地仗彩绘颜料综合分析后结果见表 2-17、表 2-18。

总结江苏省无地仗建筑彩绘传统制作工艺主要使用的颜料：红色颜料有朱砂和铅丹；蓝色颜料除有石青外，主要使用的是群青，还有花青；绿色经分析其成分是石绿和氯铜矿；白色颜料比较丰富，有白垩、铅白、白铅矿、石膏等；黄色颜料主要是土黄、石黄、雄黄，均是我国古代建筑彩绘中的常用颜料。

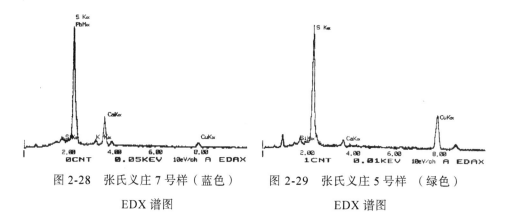

图 2-28 张氏义庄 7 号样（蓝色）
EDX 谱图

图 2-29 张氏义庄 5 号样（绿色）
EDX 谱图

表 2-17 明代无地仗建筑彩绘颜料综合分析结果表

序号	颜色	时代	分析结果	显色成分	样品来源
1	红	明	朱砂、白铅矿	朱砂	彩衣堂、赵用贤宅
			铅丹、朱砂	朱砂、铅丹	徐大宗祠
2	白	明	铅白、白铅矿、白垩、石膏	铅白	南禅教寺
3	蓝	明	青金石、白铅矿	青金石	南禅教寺
			铅白、群青	群青	严家祠堂
			含钴的玻璃质	钴蓝	彩衣堂
			花青	靛蓝	彩衣堂、凝德堂
			石青	石青	赵用贤宅、南禅教寺
4	褐	明	铅白、白铅矿、白垩、$PbSO_4$	无显色成分	南禅教寺
5	绿	明	铅白、白铅矿、氯铜矿	氯铜矿	徐大宗祠、南禅教寺
6	粉红	明	铅丹、铅白、白铅矿、白垩、石膏	铅丹	徐大宗祠
7	金	明	金	金	彩衣堂、南禅教寺
8	黄	明	石黄、白铅矿	石黄	南禅教寺
			赤铁矿、石膏、石英	赤铁矿	凝德堂、昭嗣堂
			雄黄、白铅矿	雄黄	南禅教寺
			土黄、白垩	土黄	彩衣堂、徐大宗祠
9	黑	明	墨	墨	严家祠堂、彩衣堂、双桂楼

表2-18 清代无地仗建筑彩绘颜料综合分析结果表

序号	颜色	时代	分析结果	显色成分	样品来源
1	灰	清	石英、铅白、白垩	无显色成分	江阴文庙
2	红	清	朱砂、石英、铅白	朱砂	张氏义庄、南禅教寺
			铅丹、朱砂	朱砂、铅丹	张氏义庄、南通文庙
			朱砂、土红	朱砂、土红	江阴文庙
3	蓝	清	青金石、铅白、白垩、石英	青金石	南禅教寺
			石青、石英、铅白	石青	张氏义庄
			花青	靛蓝	观音殿
			铅白、群青	群青	江阴文庙
4	白	清	铅白、白垩、石英	无显色成分	南禅教寺、江阴文庙
5	绿	清	氯铜矿、铅白、白垩	氯铜矿	南禅教寺、张氏义庄
			石绿、铅白、白垩	石绿	张氏义庄
6	褐	清	$PbSO_4$、铅白、白垩	无显色成分	云岩寺、南禅教寺
7	黄	清	雄黄、白垩、石膏	雄黄	南禅教寺
			土黄、白垩	土黄	张氏义庄、东王杨秀清属官衙署
8	黑	清	墨	墨	江阴文庙、张氏义庄
9	金	清	金、银	金	南禅教寺、翠绣堂

注：表中主要物质化学分子式为朱砂（HgS）、青金石 [$(Na，Ca)_2(AlSiO_4)_6(SO_4，S，Cl)_2$]、群青（$Na_6Al_6Si_6S_4O_{20}$）、铅白 [$PbCO_3 \cdot Pb(OH)_2$]、白铅矿（$PbCO_3$）、石膏（$CaSO_4$）、石英（$SiO_2$）、雄黄（$As_4S_4$）、土黄（$\alpha$-$FeOOH$）、雌黄（$As_2S_3$）、铅丹（$Pb_3O_4$）、石青 [$Cu_3(CO_3)_2(OH)_2$]、氯铜矿 [$Cu_2(OH)_3Cl$]、石绿 [$CuCO_3 \cdot Cu(OH)_2$]。

另外，黑色古代一般使用的为墨或石墨，二者通过观察即能辨别，故在严家祠堂和彩衣堂等取了黑色颜料样进行显微拉曼光谱分析验证（图2-30、图2-31）。其显微拉曼光谱分析谱图在 1580 cm^{-1}、1330 cm^{-1} 左右都存在明显的无定形碳的特征峰，结果表明建筑彩绘使用的黑色颜料皆为墨。

利用显微拉曼光谱分析，可明确原先只存在于文献记载中、一直未见实例的蓝色颜料花青（图2-32、图2-33）在江苏地区无地仗建筑彩绘中的实际使用。此发现是补充完善江苏地区无地仗建筑彩绘颜料谱系的重要实物证据，对更好地认知现存无地仗建筑彩绘的色彩亦具有重要的意义。

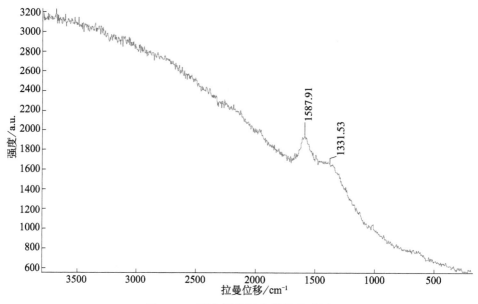

图 2-30　严家祠堂黑色样拉曼谱图

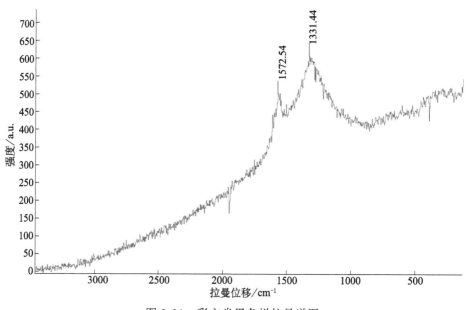

图 2-31　彩衣堂黑色样拉曼谱图

图2-32　彩衣堂蓝色颜料显微拉曼
视频照片（50×）（文后附彩图）

图2-33　凝德堂蓝色颜料显微拉曼
视频照片（50×）（文后附彩图）

对购自苏州姜思序堂的花青颜料进行了显微拉曼光谱分析，分析谱图（图2-34）显示，其主要的拉曼峰值为 1576.50 cm^{-1}（较强峰）、1530.63 cm^{-1}（较强峰）、1454.90 cm^{-1}、1342.72 cm^{-1}、1310.05 cm^{-1}、1183.19 cm^{-1}、1144.70 cm^{-1}、749.44 cm^{-1}（较强峰）、681.41 cm^{-1}、589.94 cm^{-1}、546.99 cm^{-1}、254.44 cm^{-1}（较强峰）、170.03 cm^{-1}。

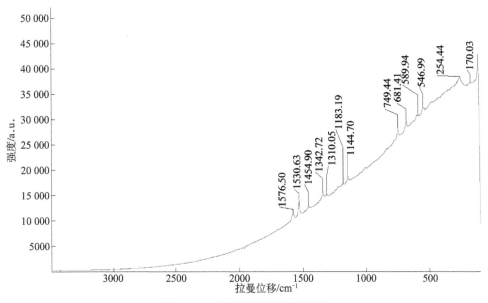

图2-34　花青中靛蓝拉曼谱图

彩衣堂蓝色颜料（图2-33）分析的主要拉曼峰值（图2-35）为 1571.52 cm^{-1}（较强峰）、1478.77 cm^{-1}、1458.93 cm^{-1}、1308.79 cm^{-1}、1222.31 cm^{-1}、754.07 cm^{-1}、669.38 cm^{-1}、594.67 cm^{-1}、542.01 cm^{-1}（较强峰）、268.42 cm^{-1}、248.10 cm^{-1}（较

强峰）、167.37 cm^{-1}。凝德堂蓝色颜料（图 2-34）分析的主要拉曼峰值（图 2-36）为 1570.69 cm^{-1}（较强峰）、1306.88 cm^{-1}、1220.37 cm^{-1}、754.03 cm^{-1}、593.95 cm^{-1}、540.33 cm^{-1}（较强峰）、246.74 cm^{-1}（较强峰）、173.01 cm^{-1}。

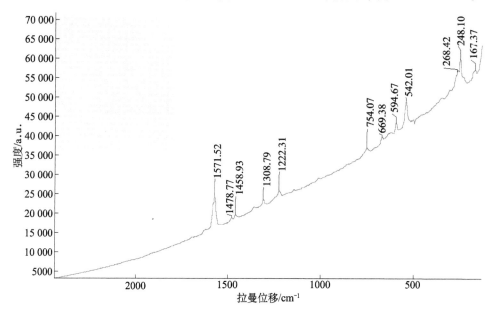

图 2-35　彩衣堂蓝色颜料拉曼谱图

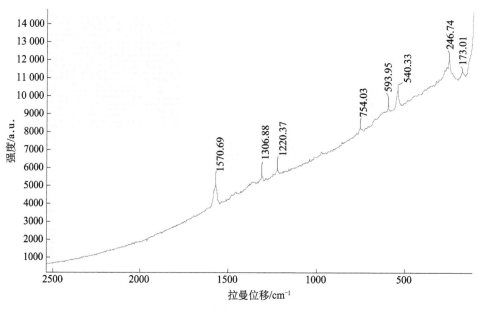

图 2-36　凝德堂蓝色颜料拉曼谱图

将彩衣堂和凝德堂蓝色颜料的拉曼光谱分析与花青颜料分析数据相对应，发现主要峰位基本一致，可确定其使用的蓝色颜料为花青。花青的发现不仅完善了江苏地区的无地仗建筑彩绘颜料谱系，也能够说明江苏无地仗彩绘对宋代以来建筑彩绘工艺上的传承。

例如，宋代《营造法式》中提到制作碾玉装或青绿棱间装（刷雌黄合绿者同前）的建筑彩绘，做法为待胶水干后用 1 份青淀、2 份茶土混合后刷一遍，其中的"青淀"就是现在所说的花青（主要成分靛蓝）。

三、胶料和底层分析结果

为了判别江苏地区无地仗建筑彩绘颜料层中胶的成分，对部分样品进行了 FT-IR 分析。分析后发现具有相同的有机化合物吸收峰，其属于饱和脂肪烃化合物的吸收峰，说明以动物胶的可能性较大。依据常熟赵用贤宅无地仗彩绘 FT-IR 分析，也以动物胶的可能性较大[143]。根据以上分析结果，结合对彩绘传统工艺的调查，说明无地仗建筑彩绘使用动物胶来调配颜料胶。

此外，部分无地仗彩绘在颜料层下或颜料脱离处，可见有很薄的基本为白色的底层，检测结果（图 2-37）发现其中主要含有石膏等成分。

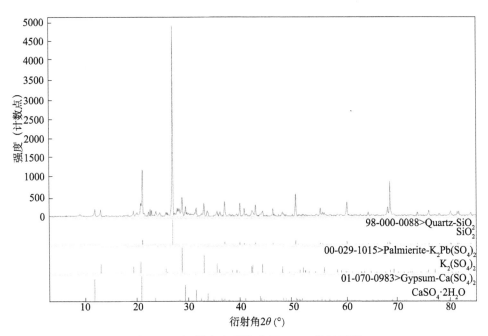

图 2-37 江阴文庙彩绘底层 XRD 分析图谱

第六节 褪变色病害调查分析

从对江苏省无地仗建筑彩绘广泛的调研结果来看，彩绘颜料层的褪变色是无地仗建筑彩绘中最严重的病害之一。由于长期受到自然环境因素的影响，彩绘颜料层已经产生了较严重的褪变色，已经极大地影响了图案的识读，降低了无地仗建筑彩绘的艺术价值，更严重危及无地仗层建筑彩绘的长期保存。

无地仗建筑彩绘的颜料层是其精华所在，通常情况下主要有三个环境因素会引起其老化：光、温度和湿度。然而，不能简单地单独看待环境中每个因素对颜料层褪变色造成的影响。因为不同的光照、湿度和温度作用程度都不同，这些因素不仅彼此结合，还会与其他因素（如空气内污染气体）产生共同作用，从而使得褪变色现象发生。

一、褪变色病害的类别

依据调研 127 处江苏地区的无地仗建筑彩绘褪变色病害主要现象，结合对样品采集和分析检测情况，可以将无地仗建筑彩绘颜料层的褪变色病害概括为以下六种类型。

（1）红色颜料的变暗变黑。红色颜料的变暗变黑是无地仗建筑彩绘褪变色病害的主要类型之一。如图 2-38 所示，南通太平兴国教寺脊檩上的红色颜料明显地变暗，局部已发黑。

图 2-38 变暗变黑的红色（南通太平兴国教寺）（文后附彩图）

（2）黄色颜料的发灰变浅。黄色颜料的发灰变浅是无地仗建筑彩绘褪变色病害的主要类型之二。如图 2-39 所示，如皋定慧禅寺明间后金檩上的黄色已明显发灰变浅。

图 2-39　发灰变浅的黄色（如皋定慧禅寺）（文后附彩图）

（3）完全呈暗黑色的蓝色。呈暗黑色的蓝色是无地仗建筑彩绘褪变色病害的主要类型之三。如图 2-40 所示，江阴文庙次间后梁枋上完全呈暗黑色的蓝色。

图 2-40　呈暗黑色的蓝色（江阴文庙）（文后附彩图）

（4）二色颜料的完全变化。二色颜料的完全变化是无地仗建筑彩绘褪变色病害的主要类型之四。如图 2-41 所示，宜兴徐大宗祠金檩上蓝色旋子花花瓣边浅蓝色的二色已无法辨识。

图 2-41　完全变化的二色（宜兴徐大宗祠）（文后附彩图）

（5）蓝绿色颜料表面乃至内部的褐色。蓝绿色颜料显现为褐色是无地仗建筑彩绘褪变色病害的主要类型之五。如图 2-42 所示，常熟彩衣堂金檩上蓝色现已呈现为褐色。

图 2-42　呈褐色的蓝绿色（常熟彩衣堂）（文后附彩图）

（6）颜色的完全变化。颜色的完全变化是无地仗建筑彩绘褪变色病害的主要类型之六。如图 2-43 所示，无锡昭嗣堂脊檩上除金色尚能够清楚辨识（黑色为构图的墨线），其他颜色都已无法辨认。

　　总而言之，江苏无地仗建筑彩绘基本都存在着褪变色病害。相比较单一色彩而言，调查研究结果发现，江苏无地仗建筑彩绘的二色褪变色情况更为严重。二色是古建筑彩绘施工时对彩绘色阶的特称，二色比一色（原色）浅一个色阶。一般二色用原色加不同量的白粉，从传统工艺调查和分析检测可知，江苏地区建筑彩绘使用的主要是铅白，可形成不同的色阶。

图 2-43　颜色完全变化（无锡昭嗣堂）（文后附彩图）

二、二色的褪变色

二色在古代建筑彩绘中的使用由来已久，如《营造法式》中记载叠晕的方法是叠晕自浅色开始，先为青华，紧挨着为三青，然后是二青，最后为大青。凡刷赤黄颜色，先刷铅粉底色，然后用朱华调和铅粉压晕，再用藤黄通罩面，然后再用深朱压心。又如衬色之法中石青图案以螺青和铅粉调和为底色，其中铅粉 2 份、螺青 1 份。

在其他古文献内也有关于二色的内容，元陶宗仪《南村辍耕录》卷十一即有"采绘法"一条，谈到绘画所用各种颜料色彩及其调制方法："凡合用颜色细色，头青、二青、三青、深中青、浅中青、螺青与苏青、二绿、三绿、花叶绿、枝条绿、南绿、油绿、漆绿、黄丹、飞丹、三朱、土朱、银朱、枝红、紫花、藤黄、槐花、削粉、石榴、颗绵、胭脂、檀子，其檀子用银朱浅入老墨胭脂合。"

开始在古建筑彩绘中使用的二色颜料等是原矿物磨制成不同的颗粒来达到深浅之效果，逐步在明清时期演变成使用铅粉调兑。现所见江苏无地仗建筑彩绘基本属于明清时期，因此其二色基本皆为铅粉（铅白）调配而成。

图 2-44、图 2-45 的 XRD 分析图谱表明，江阴文庙红色二色颜料使用了朱砂与铅白调配（还含有二氧化硅、碳酸钙，可能有一氧化铅）；南禅

教寺绿色二色颜料为氯铜矿与铅白调配，还含有少量的碳酸铅。

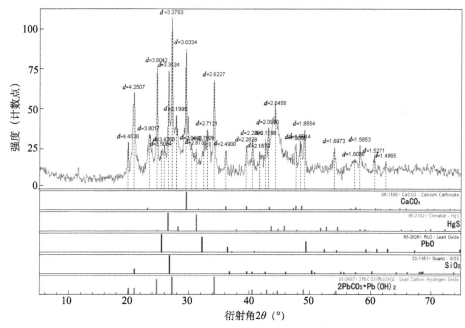

图 2-44　江阴文庙红色二色颜料 XRD 分析图谱

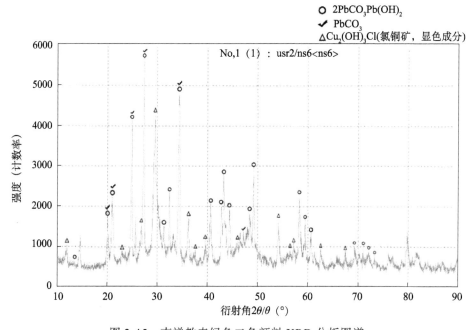

图 2-45　南禅教寺绿色二色颜料 XRD 分析图谱

　　江苏无地仗建筑彩绘传统制作工艺的调查和复制工作表明，二色的绘制是一个重要的组成部分。二色会使用在晕色、间色和琢色等绘制步骤中，起到色彩间的过度、增强层次和立体感的作用，有时甚至起到取代相同色系大色的作用。

　　对照分析检测的结果，结合传统工匠调查及文献，江苏无地仗彩绘使用的胶黏剂应主要为骨胶。现南方地区矿物颜料加骨胶水配成颜色胶上色，其中熬制骨胶胶水、传统矿物颜料添加的比例调查中经验的成分较重，存在诸多不确定因素，是否可以照搬北方建筑彩绘的配比必须先进行实验验证。

　　由于与北方环境因素差异较大，胶水和颜色胶水不同季节配比也有不同的要求。因此，在研究中，结合分析检测结果、传统工匠和参考北方传统配比做了实验复原，基本确定了颜色胶的配比。但是，江苏乃至南方地区建筑彩绘颜料胶科学的配比和定量仍将是今后进一步研究应当解决的问题。

　　江苏无地仗建筑彩绘中二色占有一定的比例，所以其变化对无地仗建筑彩绘总体颜色变化的影响十分显著。而二色颜料的褪变色尚未见有相关研究，结合江苏无地仗建筑彩绘的实际情况，应为本研究的重要内容之一。

第三章 模拟实验的步骤与实施

模拟实验应主要根据实际文物分析结果、传统工艺调查，并结合江苏地区的环境特点，侧重江苏地区实际中存在褪变色且广泛使用的红、蓝、绿色的单色和二色颜料，有针对性地进行设计。

此外，在调研中发现，由于江苏无地仗建筑彩绘使用相同颜色的颜料层在向光和背光处的变色现象存在明显差别，所以首先应考虑相同温度和湿度下有无光照的影响。其次，当空气中含有微量污染气体时，在其长年累月的作用下，无地仗建筑彩绘产生褪变色是完全可能的，因此模拟实验也需考虑污染气体的影响。

第一节 模拟实验设计

一、模拟实验条件设定依据

（一）温湿度

综合中华人民共和国成立后的气象资料可知，江苏省年平均温度为14.7℃（1961～1999年），最高温度为41.0℃（1988年），最低温度为-23.4℃（1969年）[144]。

根据江苏省1961～2006年的逐日平均温度总结，年平均温度约为14.8℃，春、夏、秋、冬四个季节平均温度分别为13.9℃、25.9℃、16.4℃和3.1℃。江苏省苏南地区年相对湿度在80%左右，苏北地区年相对湿度在70%左右，梅雨时节最高相对湿度均可达100%[145]。

（二）有害气体

根据《江苏省环境状况公报》（2000～2009年）共计10年的报道，在此期间，总悬浮颗粒物为影响江苏省环境空气质量的首要污染物，有害污染气体主要是二氧化硫。

依据《江苏省环境状况公报》（2000～2009年），江苏省有害污染气体主要是二氧化硫,虽然大气中二氧化硫的含量很低,但它在水溶液中的溶解度很大,二氧化硫溶于水膜生成的亚硫酸是强去极化剂,对颜料腐蚀有加剧作用。江苏拥有无地仗建筑彩绘的古建筑,尤其是祠堂、庙宇受香火烟熏,二氧化硫污染的情况会更严重。

从分析可知,有些无地仗建筑彩绘文物样品中的含硫量较高,应是日积月累受到环境内污染气体和香火烟熏结果所致,如取样分析样品中的彩衣堂 1 号、彩衣堂 2 号,凝德堂 3 号、凝德堂 8 号,徐大宗祠 2 号、徐大宗祠 5 号等(参见附录 A)。XRF 分析数据如表 3-1 所示。

表 3-1　含硫元素较高部分文物样品 XRF 分析数据表

样品	颜色	主要元素 /%							
		S	Si	Ca	P	K	Fe	Cu	Pb
彩衣堂 1 号	深蓝	48.6	21.3	16.2	—	6.3	1.4	4.5	1.6
彩衣堂 2 号	褐	51.1	21.7	22.2	—	5.1	—	—	—
凝德堂 3 号	深红	33.0	9.9	19.1	1.2	6.9	3.2	4.3	21.0
凝德堂 8 号	褐	37.8	11.6	23.1	3.2	15.4	6.7	—	2.1
徐大宗祠 2 号	灰	55.7	20.7	9.5	8.6	4.5	0.7	0.2	—
徐大宗祠 5 号	黄	70.3	14.9	3.2	9.9	1.6	—	0.1	—

江苏省年相对湿度较高,最高相对湿度可达 100%,二氧化硫对彩绘颜料的作用会更加显著,模拟实验应考虑二氧化硫对彩绘颜料层的影响。

(三)日照时数

根据《江苏省气候公报》(2004～2009 年)年日照时数实测资料,年平均日照(绝对日照)为 1617～2395 h[146]。就江苏省的年平均日照时数而言,光照是十分充足的。

光包括紫外光、可见光和红外光三部分。由于高空层对紫外线的吸收,短波紫外线在经过地球表面同温层时被臭氧层吸收,一般不能到达地球表面,到达地球表面的紫外线为 290～400 nm 波段范围。该波段紫外线所具有的能量,正是许多物质吸收后产生光化学反应所需的能量,能引起许多物质的光化学反应。西北大学的学者王丽琴等曾做过紫外光对颜料的褪变色试验,见表 3-2[147]。

表 3-2　紫外光照射颜料变化表

颜料	铅白	铬黄	银朱	红土	铅丹	石青	石绿	群青
照射时间	5 min	1.5 min	27 h	58 h	60 h	25 h	25 h	25 h
现象	变暗	变暗	微变	微变	微变	微变	微变	未变

众所周知，长波紫外线穿透性比中波紫外线强，但一般作用缓慢，需长期积累，所以主要考虑紫外线 UV-B 的照射。UV-B 是波长 280 ～ 320 nm 的紫外线。中波紫外线由于其阶能较高，可产生强烈的光损伤，是应重点考虑的紫外线波段。

光能改变文物的颜色等，主要是光为文物变质老化的化学和物理过程提供了能量，通过光氧化和光降解使颜色变化，表面变质。紫外线被物质的分子吸收，就会给被激发的分子以能量，推动发生化学或物理化学反应。分子结构的变化，必然引起颜料的变色或失色，从而造成颜色层的褪色。

因此，依照江苏省环境条件和文物样品实际情况等，设计了高温高湿紫外光模拟实验、高温高湿模拟实验、高湿常温模拟实验、常温常湿与二氧化硫反应、高温高湿与二氧化硫反应五种模拟实验。

二、模拟实验条件设定

（一）高温高湿紫外光模拟实验条件

参考江苏省最高气温设定温度为 41.0 ℃，尽量接近江苏省最高湿度，设定湿度为 95%。选择发射 280 ～ 400 nm 波段的紫外线光源的老化箱进行模拟实验，如前模拟条件设定依据中所述，此设置对模拟江苏地区高温高湿和充足光照的环境条件是适当的。

实验仪器：臭氧 - 紫外老化实验箱，关闭臭氧发生器，单独进行紫外老化实验。UV-B 灯紫外线波长为 280 ～ 400 nm，辐射强度在 313 nm 时为 0.8 ～ 1.0 W/（m²·nm）[辐射计 UV-B297 测试为 0.25 ～ 0.35 W/（m²·nm）]。实验仪器如图 3-1 所示。

试验参考《色漆和清漆 人工气候老化和人工辐射暴露（滤过的氙弧辐射）》（GB/T 1865—1997）规定进行，设定一个老化周期时间为 216 h，共进行 3 个周期（648 h）。调整试样架的回转速度为 2 r/min，尽量使实验样品受到均匀的光照。

图 3-1　实验用臭氧–紫外老化实验箱

（二）高温高湿与高湿常温模拟实验条件

样品放置在高温、高湿、紫外光模拟实验的实验箱内，但隔绝光源，以便进行对比。分析研究方法同高温高湿紫外光模拟实验。

高温高湿模拟实验设定温度为 41.0℃，设定湿度为 95% 以上。

高湿常温模拟实验设定湿度为 95% 以上，温度为室温（20～25℃）。

通过高温高湿紫外光模拟实验、高温高湿模拟实验、高湿常温模拟实验的实验结果，可以得出环境因素中温度、湿度、光照与无地仗建筑彩绘褪变色病害的主要关系。

（三）与二氧化硫反应模拟实验条件

常温与二氧化硫反应模拟实验的实验条件：室温（变化范围为 25～30℃），自然光，周期 9 天，湿度以饱和溶液控制在 70%（江苏省年平均湿度），通入二氧化硫 1 g/L，放置一个周期（216 h）。

高温与二氧化硫反应模拟实验的实验条件：温度为 41℃（江苏省有记录最高温度），避光，周期 9 天，湿度以饱和溶液控制在 90%（高湿度），通入二氧化硫 1 g/L，放置一个周期（216 h）。

通过常温常湿与二氧化硫反应实验和高温高湿与二氧化硫反应实验可以了解江苏省环境主要污染气体对无地仗建筑彩绘褪变色病害发生的影响程度。

第二节 模拟实验样品制作

由分析结果和传统工艺调查可知，无地仗建筑彩绘颜料按色彩主要可以分为红色、蓝色、绿色、白色、黄色、黑色、橙色七种，归纳如表3-3所示。

表 3-3 无地仗建筑彩绘颜料表

颜色	颜料名称
红色	朱砂、铅丹、土红
蓝色	石青、群青、花青
绿色	石绿、氯铜矿
白色	铅白、白垩、石膏等
黄色	石黄、雌黄
黑色	墨
橙色	朱砂＋铅丹、朱砂＋土红

二色为大色（即红色、蓝色、绿色）调制，因此制作了分析结果和文献记载中存在的红色的二色——朱砂＋铅白，蓝色的二色——石青＋铅白、花青＋铅白、群青＋铅白，绿色的二色——石绿＋铅白、氯铜矿＋铅白。

颜料采用苏州姜思序堂的颜料，其不仅是江苏本地的颜料生产基地，可能部分无地仗建筑彩绘当时使用的是姜思序堂颜料，而且中国画颜料的制造和经营始于苏州姜思序堂，创办二百多年来一直对中国的绘画事业产生着直接而又重要的影响。

实验所用颜料品种来自姜思序堂的有石青、石绿、花青、土红、群青、朱砂、土黄；购北京金碧斋美术颜料厂的雄黄、石黄、铅丹作为补充；从国药化学试剂有限公司购得铅白、氯铜矿；旧木材（杉木）由南京博物院木工房提供。

实验绘制的模拟样品总计20种，如表3-4所示。

模拟实验样品制作是在顾培根师傅的指导和协助下，以传统方法配兑好胶水（骨胶1份、水5份），使用毛刷在旧木块表面涂刷颜色胶，颜色胶厚度参考《色漆和清漆 标准试板》（GB/T 9271—2008），涂层尽量均匀，厚度约为0.2 mm，制成模拟实验样品8组（160块）。制作好的两组模拟实验样品如图3-2所示。

表 3-4　模拟实验样品表

颜色	单色样品及编号	二色样品及编号
红色	6＃铅丹、7＃土红、9＃朱砂	13＃朱砂＋铅白
蓝色	5＃石青、11＃花青、16＃群青	8＃群青＋铅白、17＃石青＋铅白、20＃花青＋铅白
绿色	3＃石绿、12＃氯铜矿	2＃石绿＋铅白、15＃氯铜矿＋铅白
白色	10＃铅白	—
黄色	4＃雄黄、14＃石黄、19＃土黄	—
橙红色	1＃朱砂＋土红、18＃朱砂＋铅丹	—

注：模拟样品主要物质化学分子式为朱砂 (HgS)、铅丹 (Pb_3O_4)、土红 (Fe_2O_3)、石青 $[Cu_3(CO_3)_2(OH)_2]$、群青 $[Na_8Ca_2Al_6Si_6O_{24}(SO_4)_2]$、靛蓝 $(C_{16}H_{10}O_2N_2)$、石绿 $[CuCO_3 \cdot Cu(OH)_2]$、氯铜矿 $[Cu_2Cl(OH)_3]$、铅白 $[PbCO_3 \cdot Pb(OH)_2]$、雄黄 (As_4S_4)、石黄 (As_2S_3)、土黄 $(\alpha\text{-}FeOOH)$。

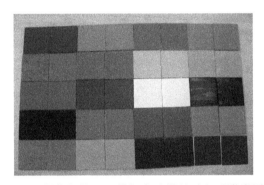

图 3-2　制作好的两组模拟实验样品（文后附彩图）

　　制作好的模拟实验样品，五种模拟实验各使用一组，剩余一组木板留做对比。保护材料实验对比使用两组，一组施保护材料，另一组空白做对比，其余为备用样品。

第三节　分析方法与分析仪器

　　先使用色差计自动比较模拟实验样品与原始制作的对比样之间的颜色差异，之后采用 XRF 和 XRD 进行分析测定，再以显微拉曼光谱和红外光谱分析为辅助，对模拟实验样品的物相、成分变化，以及微区变化进行判定。

一、色差分析

以中华人民共和国国家标准《涂膜颜色的测量方法 第三部分 色差计算》（GB 11186.3—89）为参考，通过对每组模拟实验样品与原始制作的对比样在 CIE 1976L*a*b* 色空间中色坐标的计算，可得到两者在颜色、明度、彩度及色调上的差异。

在工业应用中，一般认为色差在 $0 \sim 0.25 \Delta E$ 为非常小或没有；$0.25 \sim 0.5 \Delta E$ 为微小；$0.5 \sim 1.0 \Delta E$ 为微小到中等；$1.0 \sim 2.0 \Delta E$ 为中等；$2.0 \sim 4.0 \Delta E$ 为有差距；$4.0 \Delta E$ 以上为非常大。一般采用常规法在自然昼光或人工光源下对实验样板与颜色标准或色差板进行目视比较，也可采用色度计在商定光源或光源等照明观测条件下直接测定色差[148]。因此，检测方法是在自然昼光下每个试样测 5 个点，取平均值，再计算色差。使用仪器为 Xrite 爱色丽色差仪、上海汉谱光电科技有限公司生产的 HPG-2132 型色差仪。

二、其他分析方法

其他分析方法与分析设备汇总如表 3-5 所示，实验条件同前文无地仗建筑彩绘文物样品的分析检测。

表 3-5　分析方法与分析设备表

分析方法	分析仪器	分析目的	定性或定量
XRF	能量散射型 X 射线荧光光谱仪 EDX800HS	样品预分析	半定性或半定量
FT-IR	Nicolet Nexus 670 型傅里叶变换红外光谱仪	辨别胶料、有机颜料	定性
显微拉曼光谱分析	Almega 型显微共聚焦激光拉曼光谱仪，配 Olympus（10×，20×，50×，100× 显微镜头）	鉴定颜料成分、分析颜料和胶料微区变化	定性
XRD	DMAX2000 型 X 射线衍射仪	鉴定颜料成分和物相变化	定性或半定量
SEM-EDX	LEO-1460 型扫描电镜和 Kecex-Sigma 型能谱仪	剖面观察、微区成分分析	半定性或半定量
光学显微镜	DM4000	观察剖面和断面	—

注：—表示无定性或定量功能。

第四节　模拟实验结果

一、高温高湿实验分析结果

（一）单色颜料实验分析结果

1. 色差分析

高温高湿实验三个周期（648 h）后，色差变化和表面观察情况见表 3-6。

表 3-6　单色颜料高温高湿模拟实验后色差表

样品号/名称	ΔL	Δa	Δb	ΔE	外观
1 # 朱砂 + 土红	0.3	0.2	-0.7	0.8	表面无变化
3 # 石绿	0.7	-0.2	0.5	0.9	表面无变化
4 # 雄黄	1.3	-3.6	3.1	**5.0**	表面颜色不一
5 # 石青	-1.4	0.2	0.9	1.7	表面无变化
6 # 铅丹	0.0	1.0	1.7	1.9	表面无变化
7 # 土红	-2.9	-0.8	0.3	3.1	表面无变化
9 # 朱砂	0.0	-1.0	-0.5	1.1	表面变暗
10 # 铅白	-0.3	-0.0	2.1	2.1	表面无变化
11 # 花青	2.2	0.2	-0.3	2.2	表面无变化
12 # 氯铜矿	-0.7	-0.2	0.4	0.9	表面无变化
14 # 石黄	-0.5	0.3	0.5	0.8	局部变浅
16 # 群青	0.0	0.4	-0.7	0.8	表面无变化
18 # 朱砂 + 铅丹	-0.4	0.1	-0.8	0.9	表面无变化
19 # 土黄	0.1	0.2	0.3	0.4	表面无变化

注：加粗部分表示在 $4.0\Delta E$ 以上，色差非常大，在大部分应用中不可接受，下文同。

分析结果显示，在高温高湿模拟实验后色差在 $4.0\Delta E$ 以上的颜料只有雄黄 1 种，在 $3.0\Delta E$ 以上的也只有土红 1 种。

2. XRD 与 XRF 分析

以 XRD 结合 XRF 分析，能够评估和判断出在高温高湿老化实验 648 h 后的模拟样品中颜料的变化情况，XRD、XRF 分析情况如表 3-7 所示，XRD 分析结果和 XRF 分析数据详见附录 B、附录 C。

表 3-7　单色颜料高温高湿模拟实验 XRD、XRF 分析结果表

样品	XRD	XRF
石绿	可能有氧化铜存在	—
雄黄	不同的硫化砷	—
朱砂	有黑辰砂	—
石黄	出现三氧化二砷	硫元素含量下降
朱砂＋土红	有黑辰砂	—
朱砂＋铅丹	有黑辰砂	—
土黄	针铁矿	—

注："—"表示未检测出明显变化。

在高温高湿模拟实验后，XRD、XRF 分析显示单色颜料中石青、铅丹、土红、铅白、花青、群青、氯铜矿没有变化产生，有明确成分变化的是雄黄、石黄、朱砂 3 种颜料，2 种混合颜料朱砂＋土红、朱砂＋铅丹内的朱砂部分变为黑辰砂。

（二）二色颜料实验分析结果

1. 色差分析

高温高湿实验三个周期（648 h）后，对二色颜料进行色差分析和表面观察，变化情况见表 3-8。

表 3-8　二色颜料高温高湿模拟实验后色差表

样品号／名称	ΔL	Δa	Δb	ΔE	外观
2 #石绿＋铅白	-4.4	-1.6	1.4	**4.9**	表面明显变暗
8 #群青＋铅白	-1.3	-2.3	5.6	**6.3**	表面明显变暗
13 #朱砂＋铅白	-4.9	1.0	-0.2	**5.0**	表面明显变暗
15 #氯铜矿＋铅白	-2.7	-1.7	1.6	3.6	表面变暗
17 #石青＋铅白	-3.4	0.3	0.8	3.5	表面变暗
20 #花青＋铅白	-1.7	0.5	0.4	1.8	表面变暗

高温高湿实验后二色颜料的总体色差较大，主要是表面颜色趋于黯淡，除花青＋铅白的 ΔE 在 2.0 以下，其余的 ΔE 都在 3.5 以上。有 3 种二色颜料（石绿＋铅白、朱砂＋铅白、群青＋铅白），色差在 4.0 ΔE 以上。

2. XRD 与 XRF 分析

分析结果显示，除朱砂＋铅白内出现了少量黑辰砂，高温高湿模拟实

验后二色颜料基本没有变化。

二、高湿常温实验分析结果

（一）单色颜料实验分析结果

1. 色差分析

高湿常温实验后单色颜料的色差分析结果见表3-9。

表3-9　单色颜料高湿常温实验后色差表

样品号	ΔL	Δa	Δb	ΔE	外观
1＃朱砂＋土红	0.2	0.3	-0.5	0.6	表面无变化
3＃石绿	0.3	0.2	0.2	0.4	表面无变化
4＃雄黄	0.9	-1.0	1.1	1.7	表面颜色不一
5＃石青	-0.4	0.2	0.6	0.7	表面无变化
6＃铅丹	0.7	0.3	0.8	1.1	表面无变化
7＃土红	-0.6	-0.1	0.9	0.9	表面无变化
9＃朱砂	0.1	-0.2	-0.3	0.4	表面无变化
10＃铅白	0.8	0.0	0.2	0.8	表面无变化
11＃花青	1.2	-0.4	0.6	1.4	表面无变化
12＃氯铜矿	0.8	0.3	-0.1	0.9	表面无变化
14＃石黄	-0.3	0.5	0.6	0.9	局部变浅
16＃群青	0.1	-0.2	0.5	0.5	表面无变化
18＃朱砂＋铅丹	0.2	-0.4	-0.7	0.8	表面无变化
19＃土黄	0.0	0.6	0.1	0.6	表面无变化

单色颜料在高湿常温实验后的色差变化均不大，大部分 ΔE 都在1.0以下，只有雄黄、铅丹、花青的 ΔE 在1.0～2.0。

2. XRD 与 XRF 分析

只有雄黄和石黄在高湿常温模拟实验后有三氧化二砷出现，其他单色颜料在此实验条件下没有改变发生。

（二）二色颜料实验分析结果

1. 色差分析

实验测试了高湿常温模拟实验二色颜料三个周期（648 h）后的色差变

化。检测显示，在一个周期（216 h）、两个周期（432 h）后基本无明显色差，648 h 后色差变化也都基本属于微小级，ΔE 均未超过 1，具体色差变化如表 3-10 所示。

表 3-10　二色颜料高湿常温模拟实验 648 h 后色差表

样品号／名称	ΔL	Δa	Δb	ΔE	外观
2 #石绿 + 铅白	0.7	-0.2	0.1	0.8	无变化
8 #群青 + 铅白	0.1	0.1	-0.1	0.2	无变化
13 #朱砂 + 铅白	0.2	-0.5	-0.5	0.8	无变化
15 #氯铜矿 + 铅白	0.2	0.5	0.1	0.6	无变化
17 #石青 + 铅白	0.3	0.0	-0.3	0.5	无变化
20 #花青 + 铅白	0.1	0.0	-0.6	0.6	无变化

2. XRD 与 XRF 分析

高湿常温模拟实验后，所有的模拟二色颜料样品都无变化产生。

三、高温高湿紫外光实验分析结果

高温高湿紫外光模拟实验以每 72 h 为一分析点，以 216 h 为一个完整老化周期，共进行三个周期，总计 648 h。每个单色颜料模拟样品分析 9 次，汇总分析结果如下。

（一）单色颜料实验分析结果

1. 色差分析

单色颜料模拟样品在高温高湿紫外光模拟实验后的色差（ΔE）变化情况汇总如图 3-3 所示，详细的 ΔE、ΔL、Δa、Δb 色差数据参见附录 D。

通过检测可知，在高温高湿紫外光模拟实验三个周期后，色差在 $4.0 \Delta E$ 以上的单色颜料有 6 种，分别是朱砂、花青、石青、朱砂 + 土红、雄黄、铅白。

色差在 $2.0 \sim 4.0 \Delta E$ 有差距范围内的颜料：单色颜料 6 种，分别是铅丹、土红、石绿、氯铜矿、朱砂 + 铅丹、石黄；二色颜料 2 种，分别是花青 + 铅白、群青 + 铅白。土黄和群青的色差变化属于 $1.0 \sim 2.0 \Delta E$ 的级别之内，颜色变化较小。

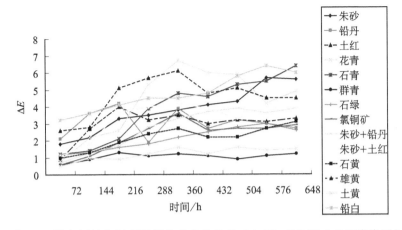

图 3-3 单色颜料高温高湿紫外光实验色差（ΔE）变化图（文后附彩图）

2. XRD 分析

对单色颜料高温高湿紫外光模拟实验后的 126 个模拟样品进行了 XRD 分析，结果详见表 3-11。

表 3-11 单色颜料高温高湿紫外光模拟实验 XRD 分析结果表

样品	72 h	144 h	216 h	288 h	360 h	432 h	504 h	576 h	648 h	备注
石绿	无变化	出现水合硅酸铜	无变化	无变化	出现氧化铜	有氧化铜存在	有氧化铜存在	有氧化铜存在	有氧化铜存在	原样中有二氧化硅
雄黄	无变化	出现三氧化二砷	三氧化二砷增多	三氧化二砷增多	三氧化二砷增多	三氧化二砷增多	三氧化二砷增多	三氧化二砷增多	三氧化二砷增多	288 h 后出现不同的硫化砷
石青	无变化	出现羟氯铜矿	氧化铜和羟氯铜矿同时存在	无变化	有氧化铜存在	有氧化铜存在	有氧化铜存在	有氧化铜存在	有氧化铜存在	216 h 后未测出羟氯铜矿
土红	无变化	无变化	无变化	出现水赤铁矿	有水赤铁矿	有水赤铁矿	有水赤铁矿	有水赤铁矿	有水赤铁矿	—
朱砂	无变化	出现黑辰砂	有黑辰砂	有黑辰砂	有黑辰砂	有黑辰砂	有黑辰砂	有黑辰砂	有黑辰砂	—
花青	无变化	无变化	无变化	无变化	杂质增加	杂质增加	杂质增加	杂质增加	杂质增加	原样有碳酸钙
氯铜矿	无变化	出现羟氯铜矿	无变化	无变化	无变化	无变化	无变化	无变化	无变化	无定形区增加
石黄	无变化	出现三氧化二砷	出现三氧化二砷	三氧化二砷增加	三氧化二砷增加	三氧化二砷增加	三氧化二砷增加	三氧化二砷增加	三氧化二砷增加	—

样品	72 h	144 h	216 h	288 h	360 h	432 h	504 h	576 h	648 h	备注
朱砂＋土红	无变化	无变化	无变化	有黑辰砂	有黑辰砂	有黑辰砂	有黑辰砂	有黑辰砂	有黑辰砂	检测不出土红
朱砂＋铅丹	无变化	无变化	无变化	有黑辰砂	有黑辰砂	有黑辰砂	有黑辰砂	有黑辰砂	有黑辰砂	铅丹无变化

根据 XRD 分析结果（表 3-11），在高温高湿紫外光模拟实验后，铅丹、铅白、群青、土黄未发生变化，其他单色颜料或多或少都存在着改变。

3. 显微拉曼光谱分析

1）红色颜料：朱砂、铅丹、土红

显微拉曼光谱分析结果表明，朱砂在高温高湿紫外光模拟实验后主要是有黑辰砂出现，铅丹在实验后无变化，土红（赤铁矿）有微小颜料颗粒存在成分上的变化。

在实验 648 h 后，对黑色颗粒（图 3-4）进行显微拉曼光谱分析，其谱图（图 3-6 上）显示，主要拉曼峰值为 333.75 cm^{-1}、276.64 cm^{-1}（较强峰）、243.32 cm^{-1}（主峰）。

对比未老化前朱砂（图 3-5）红色颗粒的谱图数据（图 3-6 下），黑色颗粒的特征峰存在向低波数移动的偏移现象，可以确认为黑辰砂颗粒。

图 3-4　朱砂 648 h 后黑色颗粒显微拉曼
视频照片（50×）（文后附彩图）

图 3-5　朱砂未老化模拟样品显微拉曼
视频照片（10×）（文后附彩图）

显微拉曼光谱分析显示，在实验 216 h 后，铅丹模拟样品中橘红色颗粒的主要拉曼峰值（图 3-7 上）为 547.10 cm^{-1}（较强峰）、479.00 cm^{-1}、326.68 cm^{-1}、

145.91 cm^{-1}（主峰）；灰色颗粒的主要拉曼峰值（图 3-7 下）为 546.20 cm^{-1}
（较强峰）、479.82 cm^{-1}、333.06 cm^{-1}、146.61 cm^{-1}（主峰），与未老化样
数据相对比，峰位基本吻合，没有变化产生。

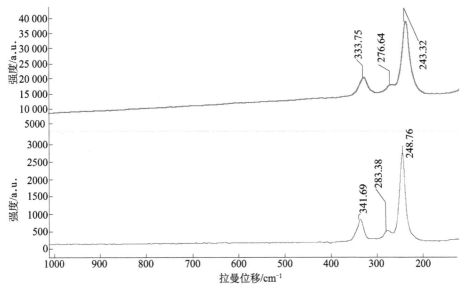

图 3-6　朱砂 648 h 后黑色颗粒与未老化样拉曼对比谱图

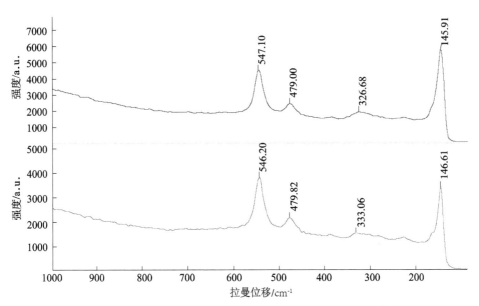

图 3-7　铅丹 216 h 后橘红色颗粒与灰色颗粒拉曼对比谱图

高温高湿紫外光实验 216 h 后，对土红模拟样品内黑色颗粒（图 3-8）进行显微拉曼光谱分析，其谱图（图 3-9 上）峰在 611.62 cm^{-1}、498.06 cm^{-1}、411.40 cm^{-1}、292.69 cm^{-1}（主峰）、225.56 cm^{-1}（主峰）、168.82 cm^{-1}，与未老化样分析谱图（图 3-9 下）的峰 607.98 cm^{-1}、411.97 cm^{-1}、291.93 cm^{-1}（主峰）、225.55 cm^{-1}（主峰）对比，新出现了 498.06 cm^{-1}、168.82 cm^{-1}处的谱峰。

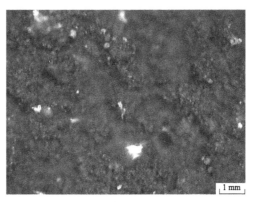

图 3-8　土红 216 h 后显微拉曼视频照片（10×）（文后附彩图）

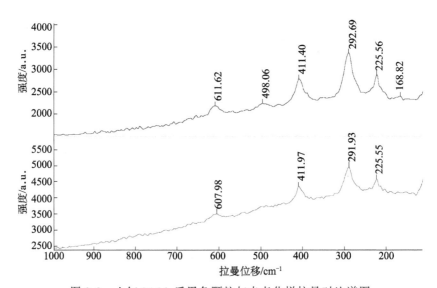

图 3-9　土红 216 h 后黑色颗粒与未老化样拉曼对比谱图

至实验三个周期（648 h）后，土红样品内黑色颗粒显微拉曼光谱分析谱图（图 3-10 上）的峰在 597.09 cm^{-1}、399.03 cm^{-1}、281.54 cm^{-1}、213.95 cm^{-1}、122.17 cm^{-1}，对比未老化样（图 3-10 下），其拉曼特征峰均发生明显的红

移和弱化，部分特征峰消失，这表明颜料颗粒成分有所变化。

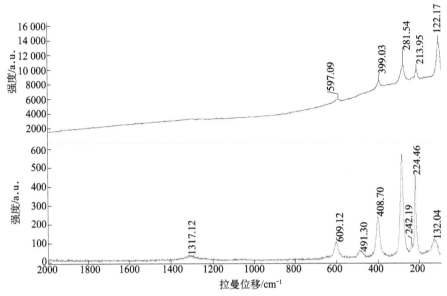

图 3-10 土红 648 h 后黑色颗粒与未老化样拉曼对比谱图

2）蓝色颜料：群青、花青、石青

对比未老化样品的显微照片（图 3-11），表明群青在高温高湿紫外光老化实验后没有明显变化产生，对出现的相对颜色较深的颗粒（图 3-12）进行分析，其拉曼谱图（图 3-13）峰为 2737.73 cm^{-1}、2197.26 cm^{-1}、1649.41 cm^{-1}、1101.18 cm^{-1}、811.51 cm^{-1}、550.48 cm^{-1}（主峰）、263.87 cm^{-1}，与未老化样的峰位相一致，说明没有变化产生。

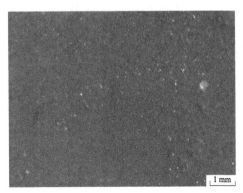

图 3-11 群青未老化模拟样品显微拉曼
视频照片（10×）（文后附彩图）

图 3-12 群青 648 h 后黑色颗粒显微拉曼
视频照片（10×）（文后附彩图）

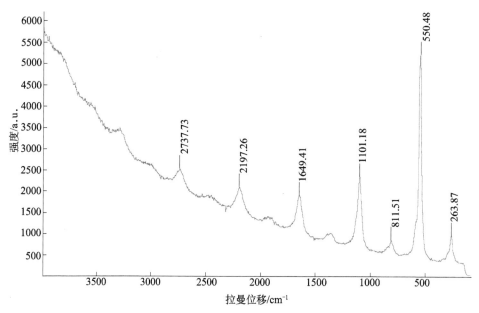

图 3-13　群青 648 h 后深色颗粒拉曼谱图

在高温高湿紫外光实验 648 h 后，拉曼视频显微镜下观察，可见表面有颜料颗粒凸起现象（图 3-14），而未老化样没有此现象（图 3-15）。对凸起的颗粒进行显微拉曼光谱分析，其谱图主要峰（图 3-16 上）为 1566.43 cm^{-1}、1520.10 cm^{-1}、1443.87 cm^{-1}、1333.52 cm^{-1}、1133.72 cm^{-1}、738.29 cm^{-1}、669.26 cm^{-1}、585.84 cm^{-1}、535.25 cm^{-1}、241.07 cm^{-1}。

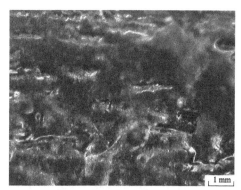

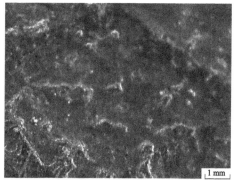

图 3-14　花青 648h 后黑色颗粒显微拉曼视频照片（10×）（文后附彩图）

图 3-15　花青未老化模拟样品显微拉曼视频照片（10×）（文后附彩图）

对比未老化样的拉曼特征峰（图 3-16 下），存在特征峰偏移、弱化并消失的现象，这表明花青颜料颗粒中的靛蓝成分发生了改变。

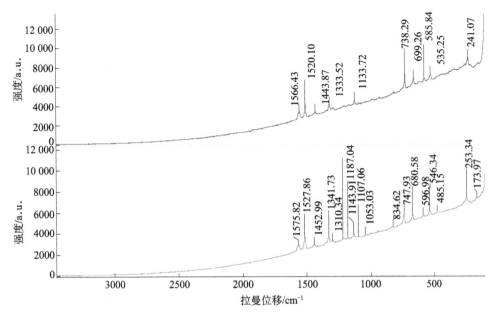

图 3-16　花青 648 h 后颜料颗粒与未老化样拉曼对比谱图

高温高湿紫外光实验一个周期（216 h）后，石青出现黑色颗粒（图 3-17），其拉曼峰（图 3-19 下）为 3870.05 cm^{-1}、3429.09 cm^{-1}、1581.19 cm^{-1}、1458.94 cm^{-1}、1422.31 cm^{-1}、1099.46 cm^{-1}、939.89 cm^{-1}、837.60 cm^{-1}、768.82 cm^{-1}、544.80 cm^{-1}、403.75 cm^{-1}（主峰）、335.36 cm^{-1}、250.70 cm^{-1}、198.30 cm^{-1}、182.61 cm^{-1}、156.30 cm^{-1}、145.69 cm^{-1}。

对石青未老化样品（图 3-18）进行显微拉曼光谱分析，其主要拉曼峰（图 3-19 上）为 3743.40 cm^{-1}、3429.32 cm^{-1}、2941.55 cm^{-1}、2188.26 cm^{-1}、1653.20 cm^{-1}、1580.03 cm^{-1}、1462.31 cm^{-1}、1422.70 cm^{-1}、1099.37 cm^{-1}、938.93 cm^{-1}、838.14 cm^{-1}、769.29 cm^{-1}、544.54 cm^{-1}、403.86 cm^{-1}（主峰）、335.25 cm^{-1}、205.01 cm^{-1}、250.70 cm^{-1}、182.48 cm^{-1}、156.49 cm^{-1}、145.37 cm^{-1}。从分析结果的对比可以看出，黑色颗粒与未老化样石青颜料颗粒特征峰基本一致，这表明颜料颗粒成分未发生明显改变。

实验三个周期（648 h）后，黑色颜料颗粒（图 3-20）的主要拉曼峰（图 3-21 上）为 873.02 cm^{-1}（较强峰）、810.64 cm^{-1}、534.66 cm^{-1}、403.17 cm^{-1}（弱）、366.83 cm^{-1}（较强峰）、135.89 cm^{-1}，石青中蓝色颜料颗粒的主要拉曼峰（图 3-21 下）为 839.05 cm^{-1}、764.58 cm^{-1}、403.66（主

峰）、281.08 cm^{-1}、249.21 cm^{-1}、172.56 cm^{-1}、141.68 cm^{-1}。与未老化样特征峰对比，蓝色颗粒主峰能够与石青谱图相对应；黑色颗粒的拉曼谱图403.17 cm^{-1}处主峰明显弱化，新出现了较强峰873.02 cm^{-1}、366.83 cm^{-1}，说明此颗粒成分与石青已有所不同。

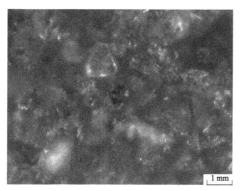 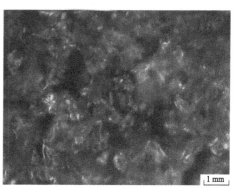

图 3-17　石青 216 h 后黑色颗粒显微拉曼　　图 3-18　石青未老化模拟样品显微拉曼

视频照片（10×）（文后附彩图）　　　　视频照片（10×）（文后附彩图）

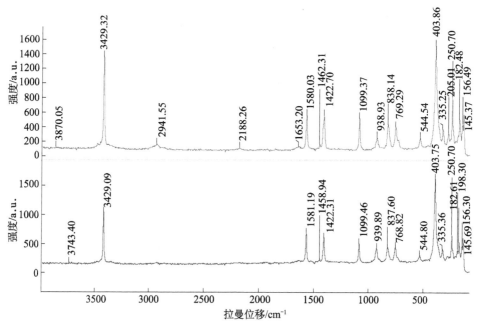

图 3-19　石青未老化样与 216 h 后黑色颗粒拉曼对比谱图

3）绿色颜料：石绿、氯铜矿

石绿未老化样品（图 3-22）主要由绿色颗粒组成，在实验 216 h 后出现的蓝色颗粒（图 3-23）成分明显与绿色颗粒存在区别。蓝色颗粒显微拉曼光谱分析主要峰（图 3-24 上）为 155.37 cm^{-1}、178.56 cm^{-1}、217.23 cm^{-1}、268.59 cm^{-1}、354.20 cm^{-1}、433.21 cm^{-1}、553.07 cm^{-1}、1496.29 cm^{-1}、1586.77 cm^{-1}、2935.26 cm^{-1}，新出现了 1586.77 cm^{-1} 处的峰，且峰都较弱。绿色颗粒显微拉曼光谱分析（图 3-24 下）主要峰为 155.74 cm^{-1}（较强峰）、178.89 cm^{-1}（较强峰）、217.32 cm^{-1}、268.19 cm^{-1}、354.13 cm^{-1}、433.81 cm^{-1}（主峰）、553.42 cm^{-1}（较强峰）、1051.18 cm^{-1}、1492.83 cm^{-1}（主峰）。

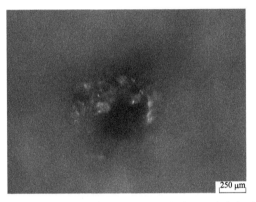

图 3-20　石青 648 h 后显微拉曼视频照片（50×）（文后附彩图）

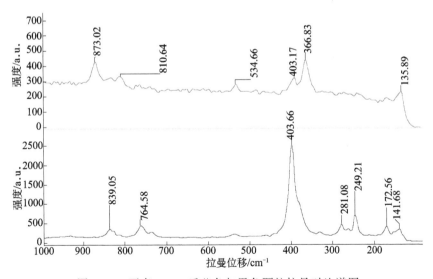

图 3-21　石青 648 h 后蓝色与黑色颗粒拉曼对比谱图

老化实验 648 h 后，黑色颗粒（图 3-25）主要拉曼峰（图 3-26 上）

为 3382.69 cm^{-1}、1488.08 cm^{-1}、1305.35 cm^{-1}（主峰）、1087.75 cm^{-1}、1044.91 cm^{-1}、602.68 cm^{-1}、494.07 cm^{-1}、423.96 cm^{-1}、402.11 cm^{-1}、285.00 cm^{-1}（较强峰）、237.16 cm^{-1}（较强峰）、217.98 cm^{-1}、170.36 cm^{-1}、143.54 cm^{-1}。石绿中绿色颗粒的主要拉曼峰（图 3-26 下）为 3384.90 cm^{-1}、3322.18 cm^{-1}、1497.93 cm^{-1}（主峰）、1375.82 cm^{-1}、1104.17 cm^{-1}、1062.93 cm^{-1}、757.02 cm^{-1}、726.17 cm^{-1}、602.89 cm^{-1}、540.36 cm^{-1}、438.74 cm^{-1}（主峰）、358.53 cm^{-1}、275.68 cm^{-1}、225.54 cm^{-1}、185.53 cm^{-1}（较强峰）、159.95 cm^{-1}（较强峰），与未老化样分析谱图基本相对应。从分析结果的对比可以看出，黑色颗粒与未老化样谱图存在区别，与绿色颗粒拉曼图谱对比也存在着一定区别，表明颜料颗粒成分出现了变化。

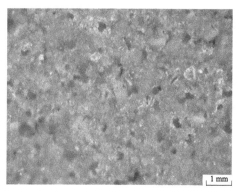 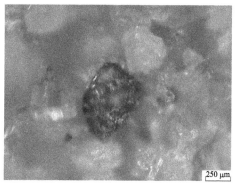

图 3-22　石绿未老化模拟样品显微拉曼视频照片（10×）（文后附彩图）　　图 3-23　石绿 216 h 后黑色颗粒显微拉曼视频照片（50×）（文后附彩图）

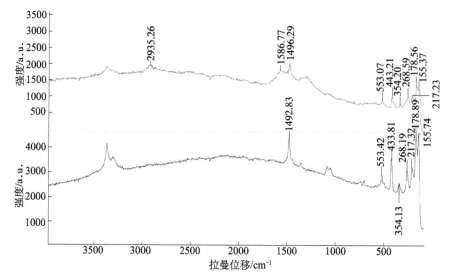

图 3-24　石绿 216 h 后绿色和蓝色颗粒拉曼对比谱图

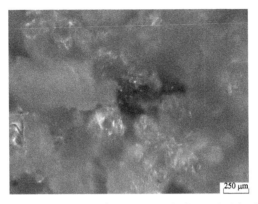

图 3-25　石绿 648 h 后显微拉曼视频照片（50×）（文后附彩图）

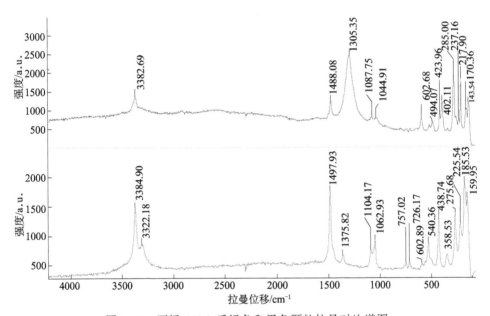

图 3-26　石绿 648 h 后绿色和黑色颗粒拉曼对比谱图

　　对比未老化样绿色颗粒（图 3-27）的主要峰（图 3-29 上）3439.52 cm^{-1}（主峰）、3354.07 cm^{-1}（主峰）、974.35 cm^{-1}、915.70 cm^{-1}、826.89 cm^{-1}、517.95 cm^{-1}、367.32 cm^{-1}、150.80 cm^{-1}。显微拉曼光谱分析显示，在实验 648 h 后，氯铜矿内存在微小的白色颗粒（图 3-28），其主要拉曼峰（图 3-29 下）为 3438.46 cm^{-1}（主峰）、3350.94 cm^{-1}（主峰）、970.29 cm^{-1}、913.40 cm^{-1}、510.79 cm^{-1}、367.48 cm^{-1}、150.80 cm^{-1}，虽然背景受到干扰，但其特征峰都在，说明没有变化产生。

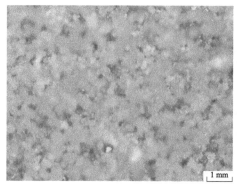

图 3-27　氯铜矿未老化模拟样品显微拉曼　　图 3-28　氯铜矿 648 h 后白色颗粒显微拉曼
　　视频照片（10×）（文后附彩图）　　　　　视频照片（10×）（文后附彩图）

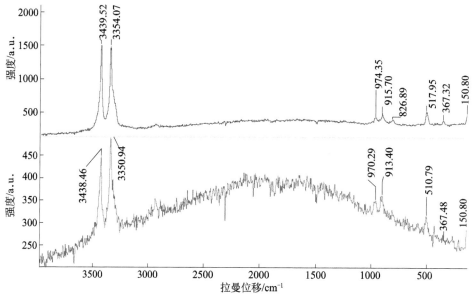

图 3-29　氯铜矿 648 h 后白色颗粒与未老化样拉曼对比谱图

4）橙红色颜料（混合颜料）：朱砂＋铅丹、土红＋朱砂

显微镜下观测朱砂＋铅丹中的铅丹颜料颗粒在实验前后一直无变化，朱砂颜料颗粒也未见有明显的颜色变化。土红＋朱砂与未老化前相比（图 3-30），颜料层内的黑色颗粒（图 3-31）增多。

在实验三个周期（648 h）后，朱砂＋土红内含黑色颗粒（图 3-31）与土红特征峰相对应，与未老化样对比存在不明显的变化，但不能排除其特征峰受到朱砂特征峰的干扰，显微拉曼光谱分析可见其主要峰（图 3-32）

为 1304.87 cm^{-1}、601.73 cm^{-1}、487.89 cm^{-1}、399.60 cm^{-1}、281.77 cm^{-1}、214.16 cm^{-1}、102.52 cm^{-1}，同时颜料层表面出现明显的凹凸现象（图 3-31）。

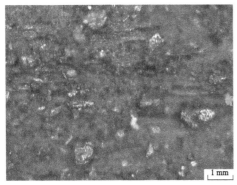

图 3-30　土红＋朱砂未老化模拟样品显微　　图 3-31　土红＋朱砂 648 h 后黑色颗粒显微
　　拉曼视频照片（10×）（文后附彩图）　　　拉曼视频照片（50×）（文后附彩图）

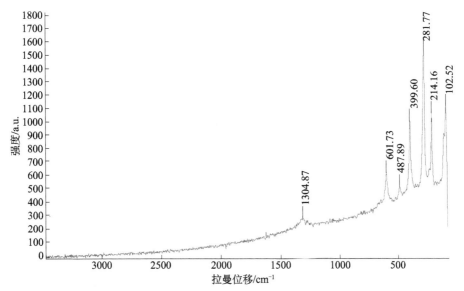

图 3-32　朱砂＋土红 648 h 后黑色颗粒拉曼谱图

5）黄色颜料：石黄、雄黄、土黄

在实验一个周期（216 h）后，石黄内存在黄色与白色颗粒（图 3-33），此白色颗粒在未老化样（图 3-34）中没有观测到，分别进行显微拉曼光谱分析表明其有所区别。

与黄色颗粒（图 3-35 上）相比，白色颗粒分析谱图（图 3-35 下）少了 472.35 cm⁻¹、216.24 cm⁻¹ 两处特征峰，说明两种颜料颗粒成分可能有所不同。

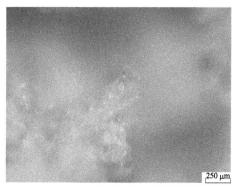

图 3-33　石黄 216 h 后白色颗粒显微拉曼
视频照片（50×）（文后附彩图）

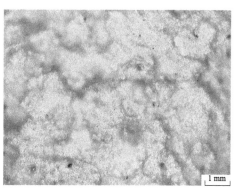

图 3-34　石黄未老化模拟样品显微拉曼
视频照片（10×）（文后附彩图）

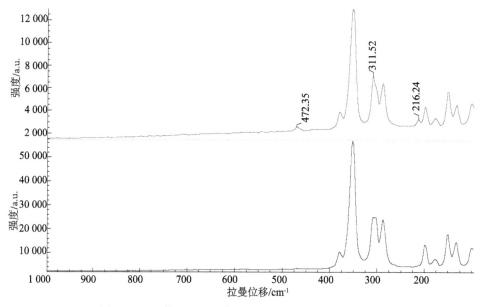

图 3-35　石黄 216 h 后黄色与白色颗粒拉曼对比谱图

在实验 216 h 后，雄黄模拟样品表面有橘红色和黄色（图 3-36）两种不同颜色的颗粒。

对橘红色和黄色颗粒的分析对比说明，橘红色颗粒主要峰（图 3-37 上）为 352.97 cm⁻¹（较强峰）、343.29 cm⁻¹、272.81 cm⁻¹、219.93 cm⁻¹

（较强峰）、188.80 cm^{-1}（较强峰）、181.67 cm^{-1}（主峰）、167.59 cm^{-1}、141.81 cm^{-1}、120.96 cm^{-1}，黄色颗粒主要峰（图 3-37 下）为 360.14 cm^{-1}、343.53 cm^{-1}（较强峰）、273.00 cm^{-1}、230.33 cm^{-1}（主峰）、200.06 cm^{-1}、171.84 cm^{-1}、152.14 cm^{-1}、140.21 cm^{-1}、115.60 cm^{-1}，雄黄颜料颗粒成分已有所不同。

图 3-36 雄黄 216h 后显微拉曼视频照片（10×）（文后附彩图）

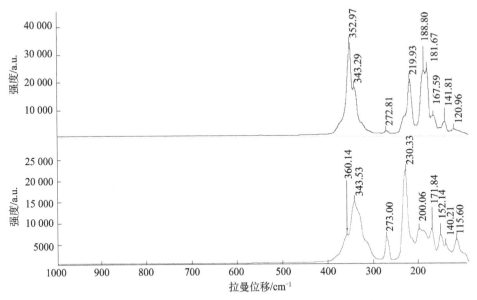

图 3-37 雄黄 216 h 后橘红色和黄色颗粒拉曼对比谱图

如图 3-38 所示，至实验 648 h 后出现的白色颗粒分析（图 3-39 上）和未老化样雄黄颜料颗粒分析（图 3-39 下）对比，峰值已经出现了明显不同，无法与雄黄应有的特征峰相符合。

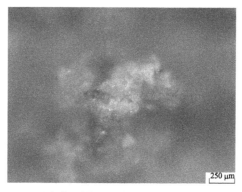

图 3-38　雄黄 648 h 后白色颗粒显微拉曼视频照片（50×）（文后附彩图）

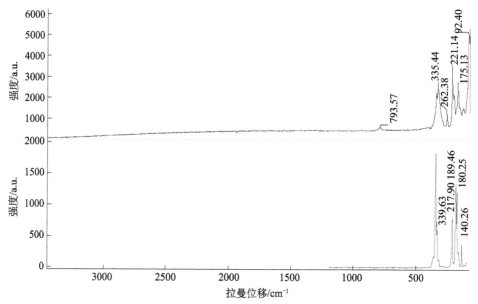

图 3-39　雄黄标谱与 648 h 后白色颗粒拉曼对比谱图

土黄则在实验 648 h 后于黄色中存在微小的黑色颗粒（图 3-40）。

对比未老化样（图 3-41），其中也含有类似的黑色颗粒，对其分析的特征峰与 648 h 后存在的黑色颗粒相同，说明黑色颗粒是土黄颜料内含有的杂质，土黄本身没有变化产生。

在实验 648 h 后，土黄内黑色颗粒主要峰（图 3-42 上）为 532.16 cm^{-1}、381.35 cm^{-1}、285.89 cm^{-1}、106.89 cm^{-1}（较强峰），无法对应土黄未老化样的特征峰（图 3-42 下），说明黑色颗粒在成分上与土黄颜料颗粒有所不同。

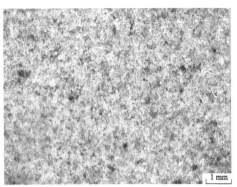

图 3-40 土黄 648 h 后黑色颗粒显微拉曼
视频照片（10×）（文后附彩图）

图 3-41 土黄未老化模拟样品显微拉曼
视频照片（10×）（文后附彩图）

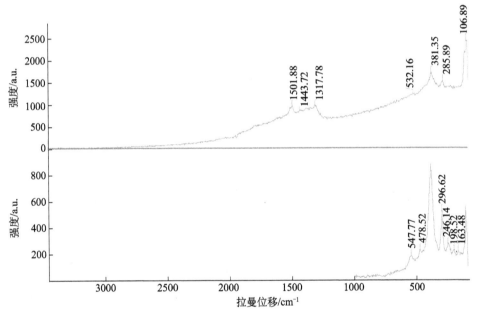

图 3-42 土黄 648 h 后黑色颗粒与未老化样拉曼对比谱图

6）白色颜料：铅白

如图 3-43 与图 3-44 所示，铅白在实验后表面明显变暗，分析其中黑色颗粒的主要峰（图 3-45 上）为 3492.36 cm^{-1}、1048.37 cm^{-1}、135.55 cm^{-1}，而未老化样主要峰（图 3-45 下）为 3503.83 cm^{-1}（较强峰）、1724.48 cm^{-1}、1362.14 cm^{-1}、1042.85 cm^{-1}（主峰）、402.82 cm^{-1}、313.73 cm^{-1}、220.54 cm^{-1}。

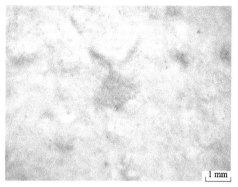 

图 3-43　铅白未老化模拟样品显微拉曼　　　　图 3-44　铅白 648 h 后黑色颗粒显微拉曼
　　　视频照片（10×）（文后附彩图）　　　　　　　视频照片（10×）（文后附彩图）

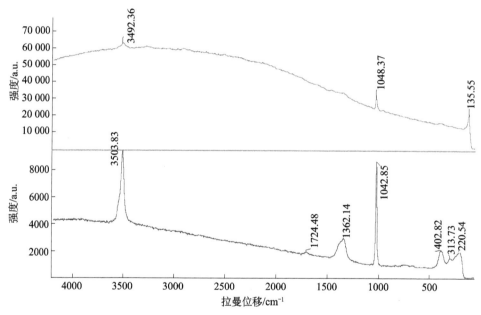

图 3-45　铅白未老化样与 648 h 后黑色颗粒拉曼对比谱图

　　铅白中黑色颗粒相比未老化样的颜料颗粒，1042.85 cm⁻¹ 处的主峰和其他特征峰都减弱或消失，显示在高温高湿紫外光实验 648 h 后颜料层中的铅白，有一些微小颗粒发生了成分上的变化。

（二）二色颜料实验分析结果

1. 色差分析

　　在高温高湿紫外光模拟实验后，二色颜料模拟样品的色差（ΔE）变化情况如图 3-46 所示，详细的 ΔE、ΔL、Δa、Δb 色差数据参见附录 D。

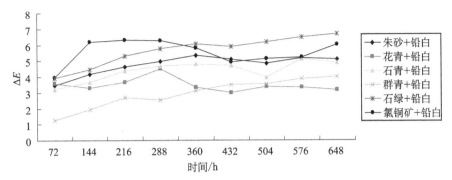

图 3-46 二色颜料高温高湿紫外光模拟实验后色差（ΔE）变化图

从图 3-46 可以看出，所有二色颜料在模拟实验后色差 ΔE 都超过了 3.0。

在老化实验三个周期（648 h）后，色差在 $4.0\Delta E$ 以上的二色颜料有 4 种，分别是朱砂 + 铅白、石青 + 铅白、石绿 + 铅白、氯铜矿 + 铅白；色差在 $2.0 \sim 4.0\Delta E$ 有差距范围内的二色颜料有 2 种，分别是花青 + 铅白、群青 + 铅白。

2. XRD 分析

二色颜料高温高湿紫外光模拟实验后的 XRD 分析结果见表 3-12。

表 3-12 二色颜料高温高湿紫外光模拟实验 XRD 分析结果表

样品	72 h	144 h	216 h	288 h	360 h	432 h	504 h	576 h	648 h	备注
石绿 + 铅白	无变化	无变化	无变化	无变化	无变化	无变化	无变化	无变化	无变化	—
石青 + 铅白	无变化	无变化	出现一氧化铅	有一氧化铅	有一氧化铅	可能出现二氧化铅	有一氧化铅	有一氧化铅	有一氧化铅	石青无变化
朱砂 + 铅白	无变化	出现黑辰砂	有黑辰砂	有黑辰砂	有黑辰砂	有黑辰砂	有黑辰砂	有黑辰砂	有黑辰砂	铅白无变化
花青 + 铅白	无变化	无变化	有碳酸钙存在	无变化	无变化	无变化	无变化	无变化	无变化	—
氯铜矿 + 铅白	无变化	无变化	无变化	无变化	无变化	无变化	无变化	无变化	无变化	—
群青 + 铅白	无变化	无变化	无变化	无变化	无变化	无变化	无变化	无变化	无变化	—

注："—"表示含量太少，检测不出。

3.显微拉曼光谱分析

1）朱砂 + 铅白

高温高湿紫外光老化三个周期（648 h）后，拉曼显微镜 50 × 下观测出现了未老化样（图 3-47）中没有的黑色颗粒（图 3-48）。黑色颗粒分析谱图主要峰（图 3-49）为 331.03 cm^{-1}、271.82 cm^{-1}、240.71 cm^{-1}（主峰）、128.59 cm^{-1}、85.59 cm^{-1}，与朱砂特征峰基本一致。

因朱砂转变为黑辰砂，这两种物质的显微拉曼光谱分析特征峰区别不大，但黑辰砂的特征峰与朱砂的特征峰相比，存在向低波数偏移现象。铅白颗粒未见有变化发生。

 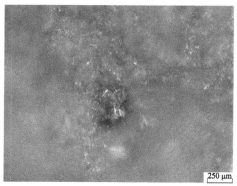

图 3-47　朱砂 + 铅白未老化模拟样品显微拉曼视频照片（10 ×）（文后附彩图）　　图 3-48　朱砂 + 铅白 648 h 后黑色颗粒显微拉曼视频照片（50 ×）（文后附彩图）

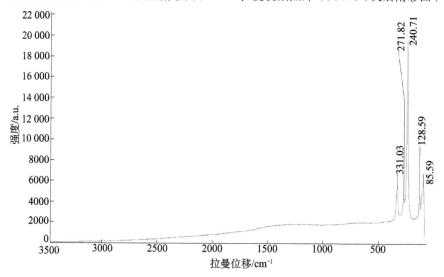

图 3-49　朱砂 + 铅白 648 h 后黑色颗粒拉曼谱图

2）石青 + 铅白

相比未老化样品（图3-50），高温高湿紫外光老化三个周期（648 h）后显微图片中存在褐色颗粒（图3-51），显微拉曼光谱分析主要峰（图3-52上）为 1582.83 cm^{-1}、1342.41 cm^{-1}、669.51 cm^{-1}、396.64 cm^{-1}、105.41 cm^{-1}，其中 1582.83 cm^{-1}、1342.41 cm^{-1} 为无定形碳的特征峰。未老化样的主要峰（图3-52下）为 3427.18 cm^{-1}、1578.28 cm^{-1}、1458.53 cm^{-1}、1430.93 cm^{-1}、1095.77 cm^{-1}、839.05 cm^{-1}、764.58 cm^{-1}、396.81 cm^{-1}、281.08 cm^{-1}、249.21 cm^{-1}、172.56 cm^{-1}、141.68 cm^{-1}。

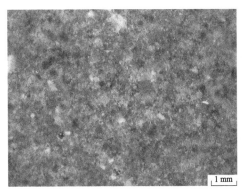

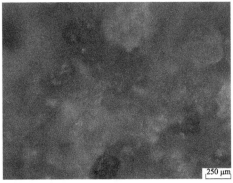

图 3-50 石青 + 铅白未老化模拟样品显微拉曼视频照片（10×）（文后附彩图）

图 3-51 石青 + 铅白 648 h 后黑色颗粒显微拉曼视频照片（50×）（文后附彩图）

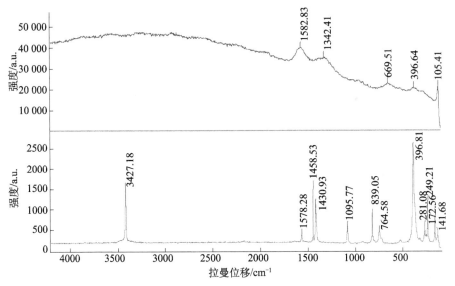

图 3-52 石青 + 铅白 648 h 后褐色颗粒与未老化样拉曼对比谱图

通过分析，说明褐色颗粒的主要成分，可能是胶老化后内含的无定形碳，未见石青和铅白有颜色和成分上转变的发生。

3）花青+铅白

在高温高湿紫外光老化三个周期（648 h）后，花青颜料层表面由原先未老化前的平滑（图 3-53）变为粗糙，颗粒状凸起明显，总体颜色变浅并有相对较大的点状褐色颗粒出现（图 3-54）。拉曼显微镜下的褐色颗粒主要峰（图 3-55 上）为 1575.64 cm^{-1}、1317.56 cm^{-1}、359.52 cm^{-1}、262.36 cm^{-1}、251.06 cm^{-1}、142.86 cm^{-1}。

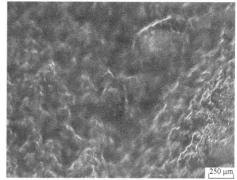

图 3-53　花青+铅白未老化模拟样品显微　　图 3-54　花青+铅白 648 h 后黑色颗粒显微
　　拉曼视频照片（10×）（文后附彩图）　　　　拉曼视频照片（50×）（文后附彩图）

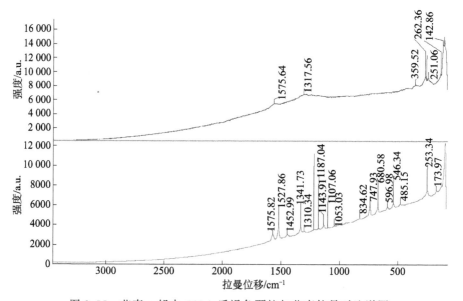

图 3-55　花青+铅白 648 h 后褐色颗粒与花青拉曼对比谱图

未老化样的主要峰（图3-55下）为1575.82 cm⁻¹、1527.86 cm⁻¹、1452.99 cm⁻¹、1341.73 cm⁻¹、1310.34 cm⁻¹、1187.04 cm⁻¹、1143.91 cm⁻¹、1107.06 cm⁻¹、1053.03 cm⁻¹、834.62 cm⁻¹、747.93 cm⁻¹、680.58 cm⁻¹、596.98 cm⁻¹、546.34 cm⁻¹、485.15 cm⁻¹、253.34 cm⁻¹、173.97 cm⁻¹。对比说明褐色颗粒主要成分是无定形碳包裹着花青内的靛蓝颗粒，靛蓝颜料颗粒在成分上有所转变，未见铅白成分上的变化。

4）群青 + 铅白

高温高湿紫外光老化实验三个周期（648 h）后群青相对于未老化样（图3-56）表面色泽明显变暗，拉曼显微镜下可见表面有空洞和存在凹凸的颗粒（图3-57）。

图3-56 群青 + 铅白未老化模拟样品显微拉曼视频照片（10×）（文后附彩图）　　图3-57 群青 + 铅白648 h后黑色颗粒显微拉曼视频照片（50×）（文后附彩图）

对群青 + 铅白中暗色颗粒进行显微拉曼光谱分析，其主要峰（图3-58）为 2725.18 cm⁻¹、2194.07 cm⁻¹、1635.28 cm⁻¹、1361.91 cm⁻¹、1088.89 cm⁻¹、795.85 cm⁻¹、543.08 cm⁻¹（主峰）、249.85 cm⁻¹、135.48 cm⁻¹，符合群青的特征峰，表明未有颜料颗粒成分发生改变。

5）石绿 + 铅白

与未老化样（图3-59）对比可以看出，在老化后颜料层表面变得粗糙并有部分空洞出现，出现了明显的褐色颗粒（图3-60）。经鉴别主要峰（图3-61上）为2923.43 cm⁻¹、1594.56 cm⁻¹、1485.34 cm⁻¹、1365.47 cm⁻¹、1123.47 cm⁻¹、1044.18 cm⁻¹、969.42 cm⁻¹、750.32 cm⁻¹、603.07 cm⁻¹、477.09 cm⁻¹、424.04 cm⁻¹、349.19 cm⁻¹、263.34 cm⁻¹、213.76 cm⁻¹¹、156.08 cm⁻¹。

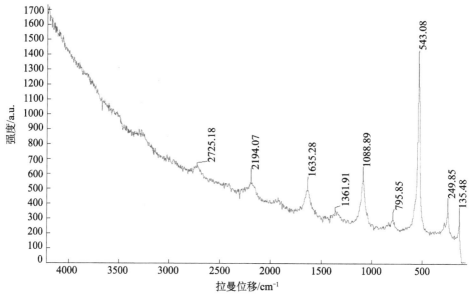

图 3-58　群青 + 铅白 648 h 后暗色颗粒拉曼谱图

与绿色颗粒的主要峰（图 3-61 下）3384.90 cm^{-1}、3322.18 cm^{-1}、1489.79 cm^{-1}、1375.82 cm^{-1}、1104.17 cm^{-1}、1062.93 cm^{-1}、757.02 cm^{-1}、726.17 cm^{-1}、602.89 cm^{-1}、540.36 cm^{-1}、438.74 cm^{-1}、358.53 cm^{-1}、275.68 cm^{-1}、215.84 cm^{-1}、159.95 cm^{-1} 对比，可知褐色颗粒主要成分是胶包裹着石绿颗粒，说明褐色颗粒的形成是由于包裹颜料颗粒的胶老化变暗，同时颜料颗粒内部成分可能也出现了变化。

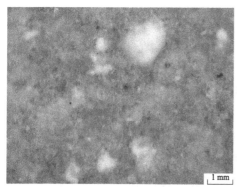

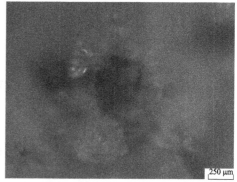

图 3-59　石绿 + 铅白未老化模拟样品显微　　图 3-60　石绿 + 铅白 648 h 后黑色颗粒显微
　　拉曼视频照片（10×）（文后附彩图）　　　　　拉曼视频照片（50×）（文后附彩图）

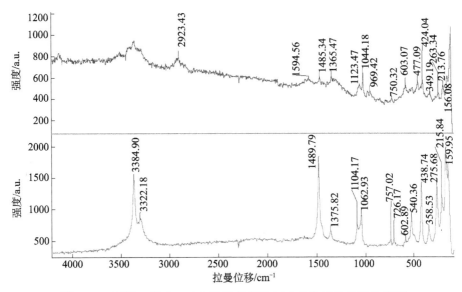

图 3-61 石绿 + 铅白 648 h 后褐色颗粒与未老化样拉曼对比谱图

6）氯铜矿 + 铅白

以未老化样（图 3-62）和老化三个周期（648 h）后的样品对比，老化后表面颜色和部分颗粒显著变暗，表面粗糙程度有所增加（图 3-63），但显微拉曼光谱分析未见氯铜矿和铅白的颜料颗粒成分发生变化。

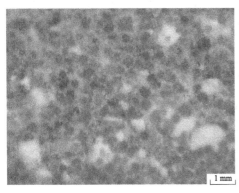

图 3-62 氯铜矿 + 铅白未老化模拟样品显微拉曼视频照片（10×）（文后附彩图）

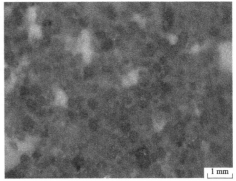

图 3-63 氯铜矿 + 铅白 648 h 后黑色颗粒显微拉曼视频照片（10×）（文后附彩图）

四、模拟样品常温常湿与二氧化硫反应实验分析结果

在常温常湿与二氧化硫反应后，20 种模拟样品的颜色均出现了不同程

度的变化，部分样品的变化比较大（图 3-64）。

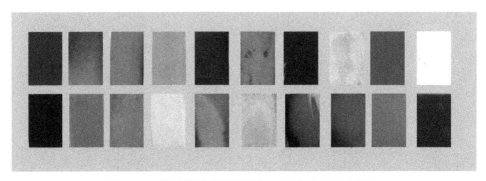

图 3-64 模拟样品常温常湿与二氧化硫反应后照片

注：从左至右、从上至下实验编号为 1＃朱砂＋土红、2＃石绿＋铅白、3＃石绿、4＃雄黄、5＃石青、6＃铅丹、7＃土红、8＃群青＋铅白、9＃朱砂、10＃铅白、11＃花青、12＃氯铜矿、13＃朱砂＋铅白、14＃石黄、15＃氯铜矿＋铅白、16＃群青、17＃石青＋铅白、18＃朱砂＋铅丹、19＃土黄、20＃花青＋铅白

（一）单色颜料实验分析结果

1. 色差分析

对单色颜料变化后的色差数据汇总如表 3-13 所示。

表 3-13 单色颜料常温常湿与二氧化硫反应后色差表

样品号/名称	ΔL	Δa	Δb	ΔE
1＃朱砂＋土红	0.3	0.2	0.7	0.8
3＃石绿	1.6	-1.5	0.1	2.2
4＃雄黄	1.0	-2.2	4.0	**4.7**
5＃石青	-5.8	-1.4	17.7	**18.7**
6＃铅丹	-5.2	-1.8	-0.2	**5.5**
7＃土红	-1.4	-0.1	-1.3	1.9
9＃朱砂	0.0	1.3	-1.3	1.8
10＃铅白	-0.5	0.2	-0.7	0.9
11＃花青	1.9	0.3	-0.1	1.9
12＃氯铜矿	0.6	0.3	5.0	**5.1**
14＃石黄	1.0	0.1	1.1	1.6
16＃群青	41.7	-11.6	46.0	**63.2**
18＃朱砂＋铅丹	-1.7	-3.2	-3.2	**4.8**
19＃土黄	0.9	0.5	1.0	1.5

如表 3-13 所示，实验后色差在 $4.0\Delta E$ 以上的单色颜料有 6 种，分别是雄黄、石青、铅丹、氯铜矿、群青、朱砂 + 铅丹。

石绿在 $2.0 \sim 4.0\Delta E$ 范围内，其余 7 种色差变化都在 $2.0\Delta E$ 以下。其中，土黄、石黄、花青、朱砂、土红此 5 种属于 $1.0 \sim 2.0\Delta E$ 的级别之内，铅白、朱砂 + 土红则在 $0.5 \sim 1.0\Delta E$。

2. XRD 分析

单色颜料的 XRD 分析结果如表 3-14 所示。

表 3-14　单色颜料常温常湿与二氧化硫反应实验 XRD 分析结果表

样品	XRD 分析	备注
1＃朱砂 + 土红	有黑辰砂	—
3＃石绿	无变化	—
4＃雄黄	无变化	—
5＃石青	无变化	局部变黑
6＃铅丹	无变化	—
7＃土红	无变化	—
9＃朱砂	有黑辰砂	—
10＃铅白	转变为亚硫酸铅	—
11＃花青	无变化	—
12＃氯铜矿	无变化	—
14＃石黄	出现三氧化二砷	—
16＃群青	成为一种新的复盐（三斜钠明矾）	变为白色
18＃朱砂 + 铅丹	有黑辰砂	局部变黑
19＃土黄	无变化	—

（二）二色颜料实验分析结果

1. 色差分析

对二色颜料的色差分析如表 3-15 所示。

实验后色差在 $4.0\Delta E$ 以上的二色颜料有 5 种，分别是石绿 + 铅白、群青 + 铅白、朱砂 + 铅白、氯铜矿 + 铅白、石青 + 铅白，占到实验所用二色颜料的 5/6。花青 + 铅白的色差在 $2.0 \sim 4.0\Delta E$ 范围内。

表 3-15　二色颜料常温常湿与二氧化硫反应后色差表

样品号/名称	ΔL	Δa	Δb	ΔE
2#石绿+铅白	−8.4	8.9	4.5	**13.0**
8#群青+铅白	37.0	−7.8	41.1	**55.8**
13#朱砂+铅白	3.9	−4.6	−1.6	**6.3**
15#氯铜矿+铅白	0.9	13.5	−1.1	**13.5**
17#石青+铅白	−9.1	0.3	30.6	**31.9**
20#花青+铅白	2.7	−1.7	−0.8	3.3

2.XRD 和显微拉曼光谱分析

二色颜料的 XRD 和显微拉曼光谱分析结果如表 3-16 所示。

表 3-16　二色颜料常温常湿与二氧化硫反应实验分析结果表

样品	XRD 分析	显微拉曼光谱分析	备注
2#石绿+铅白	铅白部分转变为一氧化铅、亚硫酸铅	石绿无变化	—
8#群青+铅白	群青完全转变，铅白部分转变，出现了硫酸铅	—	—
13#朱砂+铅白	铅白转变为亚硫酸铅	朱砂无变化	—
15#氯铜矿+铅白	铅白有部分转变为一氧化铅、二氧化铅、氯化铅、亚硫酸铅，氯铜矿转变为五水硫酸铜	检测出五水硫酸铜	有蓝色颗粒
17#石青+铅白	铅白有部分转变为一氧化铅、亚硫酸铅	近似五水硫酸铜的特征峰	有蓝色颗粒
20#花青+铅白	铅白转变为亚硫酸铅	花青无变化	—

五、模拟样品高温高湿与二氧化硫反应实验分析结果

20 种模拟样品在高温高湿与二氧化硫反应实验后，部分颜料的颜色变化较常温常湿与二氧化硫反应后更为显著，并有颜料层严重脱落现象发生（图 3-65）。

（一）单色颜料实验分析结果

1.单色颜料高温高湿与二氧化硫反应后色差

单色颜料在高温高湿与二氧化硫反应后的色差如表 3-17 所示。

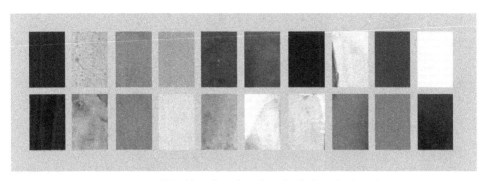

图 3-65 模拟样品高温高湿与二氧化硫反应后照片

注：从左至右、从上至下实验编号为 1 # 朱砂 + 土红、2 # 石绿 + 铅白、3 # 石绿、4 # 雄黄、5 # 石青、6 # 铅丹、7 # 土红、8 # 群青 + 铅白、9 # 朱砂、10 # 铅白、11 # 花青、12 # 氯铜矿、13 # 朱砂 + 铅白、14 # 石黄、15 # 氯铜矿 + 铅白、16 # 群青、17 # 石青 + 铅白、18 # 朱砂 + 铅丹、19 # 土黄、20 # 花青 + 铅白。

表 3-17 单色颜料高温高湿与二氧化硫反应后色差表

样品号/名称	ΔL	Δa	Δb	ΔE
1 # 朱砂 + 土红	-1.0	-1.2	-0.5	1.7
3 # 石绿	-2.0	0.2	-1.9	2.8
4 # 雄黄	0.8	0.0	1.7	1.8
5 # 石青	-3.3	7.7	-10.0	**13.1**
6 # 铅丹	-13.7	-13.7	-15.5	**24.9**
7 # 土红	-1.0	-0.1	-0.7	1.2
9 # 朱砂	-2.9	-0.3	-1.0	3.1
10 # 铅白	-3.3	1.6	5.1	**6.3**
11 # 花青	0.9	0.1	-2.3	2.5
12 # 氯铜矿	2.8	16.7	-6.0	**18.0**
14 # 石黄	0.9	0.0	-0.3	0.9
16 # 群青	39.0	-9.2	47.7	**62.3**
18 # 朱砂 + 铅丹	0.5	-4.4	-6.6	**8.0**
19 # 土黄	-0.9	0.0	0.6	1.1

实验后色差在 $0.5 \sim 1.0 \Delta E$ 的只有石黄 1 种颜料；在 $1.0 \sim 2.0 \Delta E$ 范围内的有朱砂 + 土红、雄黄、土红、土黄 4 种颜料；在 $2.0 \sim 4.0 \Delta E$ 范围内的有石绿、朱砂、花青 3 种颜料；其余 6 种颜料的色差变化超过了

$4.0\Delta E$，分别是石青、铅丹、铅白、氯铜矿、群青、朱砂 + 铅丹。

2. XRD 和显微拉曼光谱分析

XRD 与显微拉曼光谱分析的结果如表 3-18 所示。

表 3-18　单色颜料高温高湿与二氧化硫反应实验分析结果表

样品	XRD 分析	显微拉曼光谱分析	备注
1 # 朱砂 + 土红	有黑辰砂	无变化	—
3 # 石绿	无变化	表面有无定形碳	表面有咖啡色
6 # 铅丹	无变化	无变化	表面有咖啡色
10 # 铅白	转变为亚硫酸铅、硫酸铅	硫酸铅	—
11 # 花青	出现了含水硫酸钙	含水硫酸钙	—
12 # 氯铜矿	变化为五水硫酸铜	五水硫酸铜	表面蓝绿色，局部脱落
14 # 石黄	出现三氧化二砷	三氧化二砷	颜色不一
16 # 群青	成为一种含水的硫酸铝铅复盐	检测不出群青	变为白色
18 # 朱砂 + 铅丹	有黑辰砂	无变化	—

雄黄、石青、土红、朱砂、土黄 5 种颜料没有变化产生。

（二）二色颜料实验分析结果

1. 色差分析

二色颜料色差变化如表 3-19 所示。

表 3-19　二色颜料高温高湿与二氧化硫反应后色差表

样品号 / 名称	ΔL	Δa	Δb	ΔE
2 # 石绿 + 铅白	-0.2	6.7	-2.8	7.3
8 # 群青 + 铅白	46.9	-14.0	36.0	**60.8**
13 # 朱砂 + 铅白	0.7	1.4	0.9	1.8
15 # 氯铜矿 + 铅白	9.5	5.4	4.7	**11.9**
17 # 石青 + 铅白	7.2	-3.3	30.7	**31.7**
20 # 花青 + 铅白	0.4	0.6	2.2	2.3

在 $1.0 \sim 2.0\Delta E$ 范围内的只有朱砂 + 铅白 1 种颜料；在 $2.0 \sim 4.0\Delta E$ 范围内的也只有花青 + 铅白 1 种颜料；其他 4 种二色颜料色差均超过了

$4.0 \Delta E$。

超过了 $4.0 \Delta E$ 的 4 种二色颜料，除石绿 + 铅白外，群青 + 铅白、氯铜矿 + 铅白、石青 + 铅白的 ΔE 都超过了 10.0。

2. XRD 和显微拉曼光谱分析

XRD 与显微拉曼光谱分析的结果如表 3-20 所示。

表 3-20　二色颜料高温高湿与二氧化硫反应实验分析结果表

样品	XRD 分析	显微拉曼光谱分析	备注
2＃石绿 + 铅白	石绿变化为五水硫酸铜，铅白转变为亚硫酸铅	五水硫酸铜	表面蓝绿色
8＃群青 + 铅白	只有二氯化铅和硫酸铅	硫酸铅	群青、铅白已完全不存在
15＃氯铜矿 + 铅白	氯铜矿变化为五水硫酸铜，铅白转变为二氯化铅	五水硫酸铜	表面蓝绿色，局部脱落
13＃朱砂 + 铅白	有黑辰砂，铅白转变为亚硫酸铅	朱砂	—
17＃石青 + 铅白	石青变化为五水硫酸铜，铅白转变为硫酸铅	五水硫酸铜	表面蓝绿色，局部脱落
20＃花青 + 铅白	铅白转变为硫酸铅、亚硫酸铅	无变化	—

第四章　实验结果的分析与讨论

模拟实验样品进行了高温高湿模拟实验、高湿常温模拟实验、高温高湿紫外光模拟实验的色差分析，与有害气体（包括常温常湿与二氧化硫反应实验、高温高湿与二氧化硫反应实验）的色差分析结果相比对，可以初步了解温度、湿度、紫外光和主要污染气体二氧化硫对相同颜料的颜色影响。通过 XRD、显微拉曼光谱分析的结果，可以明晰实际环境下温度、湿度、光照对模拟颜料样品变化的影响，也可以了解主要污染气体二氧化硫在不同环境下对模拟颜料样品的作用，从而可以判断颜料层褪变色与温度、湿度、紫外光和主要污染气体二氧化硫之间的关系。

实验结果再通过与文物实际病害比对，可更进一步印证和解释无地仗彩绘建筑颜料层褪变色的变化原因。

第一节　单色颜料实验结果讨论

一、红色颜料

红色颜料有朱砂、铅丹、土红，也包括混合红色颜料朱砂＋铅丹、朱砂＋土红。

为与二色颜料进行更好的区别，又因为朱砂＋土红、朱砂＋铅丹混合后体现为橙红色，所以将这两种颜料归入单色的红色颜料来分析讨论。

（一）朱砂

对 5 种模拟实验后的色差 ΔE 进行比较，可以看出，在高温高湿紫外光实验后，朱砂的颜色变化最大，如表 4-1 所示。

通过 XRF 分析检测结果可知，5 种模拟实验后朱砂的主要元素组成无变化。XRD 分析鉴别表明，高温高湿、高湿常温、常温常湿与二氧化硫反应实验后朱砂的成分没有改变，高温高湿紫外光实验和高温高湿与二氧化硫反应实验后有朱砂和黑辰砂两种颜色不同的硫化汞产生。显微拉曼光谱分析也表明，高温高湿紫外光实验后存在两种不同颜色的硫化汞（图 3-4）。

表 4-1 朱砂模拟实验后色差表

模拟实验名称	ΔL	Δa	Δb	ΔE	表面现象
高温高湿	0.0	−1.0	−0.5	1.1	无变化
高湿常温	0.1	−0.2	−0.3	0.4	无变化
高温高湿紫外光	4.2	3.5	1.2	5.6	明显变暗
常温常湿与二氧化硫反应	0.0	1.3	−1.3	1.8	无变化
高温高湿与二氧化硫反应	−2.9	−0.3	−1.0	3.1	变暗

朱砂为红色，而黑辰砂则是黑色。因此，朱砂在高温高湿紫外光实验下存在的明显变色现象，是由于红色的朱砂逐渐转变为黑色的黑辰砂（表 3-11），且黑辰砂随着实验时间的增加而增加，朱砂表面色泽逐渐变黑，色差也逐步变大。

有部分学者认为，黑辰砂只在酸性溶液中形成，与湿度无关[149]。另一种观点认为，朱砂附着在酸性基质上，在潮湿环境中比在干燥环境中更易变色[150]。

高温高湿紫外光、常温常湿与二氧化硫反应实验都存在光照，与其他实验对比，本次模拟实验可说明朱砂的变色主要与光照有关。高温高湿紫外光实验和高温高湿与二氧化硫反应实验与其他实验的色差变化对比可表明，光照与高湿度的结合会使朱砂变色情况加剧。

（二）铅丹

在本次进行的 5 种模拟实验后，铅丹的成分都没有发生变化。在高温高湿紫外光实验后色差虽然随老化时间的延长而有所增加，却是呈先上升后下降、再上升后下降，逐渐趋于平衡的趋势，色差的变化也不大（参见附录 D），这可以表明其与成分变化无关。

有研究认为，铅丹在高湿度和光线照射的环境下很容易变成铅白，再由铅白转变成二氧化铅，如前文中提及敦煌莫高窟壁画铅丹变色严重，基本呈暗红色且发黑，分析结果表明其中含有二氧化铅。而有的学者研究证明，壁画中铅丹颜料变黑产生二氧化铅并不是太阳光中紫外线照射的结果，而是微生物作用的结果[120]。结合现有实验情况来看，至少在目前模拟实验条件下，不论是否有无光照，直接绘画于木材上的铅丹处在高温高湿的条件下都是稳定的，其色差的变化不涉及成分的改变（表4-2）。

表 4-2　铅丹模拟实验后色差表

模拟实验名称	ΔL	Δa	Δb	ΔE	表面现象
高温高湿	0.0	1.0	1.7	1.9	无变化
高湿常温	0.7	0.3	0.8	1.1	无变化
高温高湿紫外光	0.6	-0.9	-2.4	2.6	变暗
常温常湿与二氧化硫反应	-5.2	-1.8	-0.2	5.5	变暗
高温高湿与二氧化硫反应	-13.7	-13.7	-15.5	24.9	局部严重变色

铅丹显微在与二氧化硫反应实验后局部有褐色（图4-1）存在，与原始样橘红色颗粒的分析数据（图4-2上）544.22 cm⁻¹（主峰）、475.36 cm⁻¹（较强峰）、308.67 cm⁻¹、223.64 cm⁻¹、160.56 cm⁻¹、137.59 cm⁻¹对比，进一步对褐色颗粒进行显微拉曼光谱分析，显示其主要拉曼峰值（图4-2下）为544.49 cm⁻¹（主峰）、476.95 cm⁻¹（较强峰）、315.86 cm⁻¹、223.85 cm⁻¹、139.16 cm⁻¹，二者基本吻合，表明褐色颜料层内的颜料颗粒为铅丹，成分没有变化。这说明，表面褐色产生的原因是由于胶料成分的局部改变。

图 4-1　铅丹表面变色显微拉曼视频照片（10×）（文后附彩图）

（三）土红

土红又名铁红，是由主要成分为氧化铁（Fe_2O_3）的赤铁矿制成的颜料。赤铁矿是自然界分布较广的铁矿物之一[151]，但并非所有的赤铁矿，都可以用来生产土红颜料。只有磁铁矿含量很少的赤铁矿，才是较为理想的生产土红的矿物原料[152]。表 4-3 为结晶水含量与氧化铁颜料色彩的关系[153]。

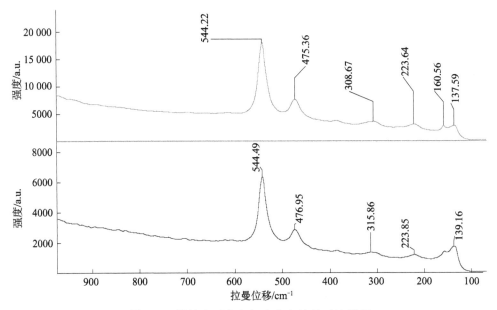

图 4-2　铅丹表面变色与未变色拉曼对比谱图

表 4-3　结晶水含量与氧化铁颜料色彩的关系表

类型	色相	杂质总量 /%	$Fe_2O_3·xH_2O$（x 值）	Fe_2O_3 含量 /%
氧化铁红（磁材用）	紫棕红色	0.35	0.01	99.54
	深红色	0.35	0.12	98.32
氧化铁红（颜料用）	中红色	0.35	0.4	95.33
	浅红色	0.35	0.8	91.37
氧化铁红黄	黄色	0.35	1	89.51

　　通常情况下认为土红对光是稳定的，甚至在强烈的太阳光下也不会产生明显的变色。但是，强烈的日光长期照射会使掺加在颜料层中的有机胶结材料迅速老化，胶结性降低，使部分颜料粉状掉落，颜色变淡。有报道说，掺加在土红中的有机胶结材料由于光照老化后变黄变暗，使壁画画面变暗[120]。

　　在 5 种模拟实验后，从表 4-4 可看出土红的色差变化都不大。XRD 分析结果显示，直到高温高湿紫外光实验 288 h 后才出现微量含水的氧化铁，至 648 h 后也基本不再变化（表 3-11）。

表 4-4　土红模拟实验后色差表

模拟实验名称	ΔL	Δa	Δb	ΔE	表面现象
高温高湿	-2.9	-0.8	0.3	3.1	轻微变暗
高湿常温	-0.6	-0.1	0.6	0.9	无变化
高温高湿紫外光	-2.1	-0.7	-2.4	3.3	轻微变暗
常温常湿与二氧化硫反应	-1.4	-0.1	-1.3	1.9	无变化
高温高湿与二氧化硫反应	-1.0	-0.1	-0.7	2.0	无变化

对比无光照的高温高湿实验，能够发现光照可以促使微量含水的氧化铁产生，但反应过程缓慢，色差变化微小。高温高湿、常温常湿与二氧化硫反应实验后土红都基本无变化。模拟实验表明，土红是基本稳定不变的颜料，色差的变化幅度也较小，不容易发生褪变色。

（四）朱砂＋铅丹

分析结果表明（表 3-11），高温高湿实验后朱砂＋铅丹中的朱砂成分发生变化，高温高湿紫外光实验后其变化更为明显，而铅丹成分无变化。

相对于其他红色颜料而言，朱砂＋铅丹在高温高湿紫外光实验后色差变化较小。这是因为，朱砂＋铅丹的混合减弱了混合颜料色差的变化，一方面朱砂含量的下降导致对混合颜料的影响偏小，再加上铅丹的稳定使色差变化不大。

表 4-5 对比了 5 种模拟实验后的色差，高温高湿与二氧化硫实验反应后朱砂＋铅丹色差变化较大。分析其原因，可能是由于一方面朱砂出现了黑色的黑辰砂，另一方面铅丹成分虽无变化，但如前所述未与朱砂混合的铅丹一样，表面存在着胶的变化。

表 4-5　朱砂＋铅丹模拟实验后色差表

模拟实验名称	ΔL	Δa	Δb	ΔE	表面现象
高温高湿	-0.4	0.1	-0.8	0.9	无变化
高湿常温	0.2	-0.4	-0.7	0.8	无变化
高温高湿紫外光	-1.7	-2.4	-2.5	3.9	变暗
常温常湿与二氧化硫反应	-1.7	-3.2	-3.2	4.8	明显变暗
高温高湿与二氧化硫反应	0.5	-4.4	-6.6	8.0	局部变色

有学者用较强的可见光源与红外光源分别照射铅颜料，27 天后颜料的

颜色几乎没有发生变化，但可以看出铅丹对 210～400 nm 的紫外光有较强的吸收能力[117]。该实验也能从侧面说明，光照对铅丹的作用需要一个长期逐步积累的过程。

就模拟实验的结果来看，朱砂+铅丹的色差变化与高温、高湿没有直接联系，色差变化主要是光照和二氧化硫使颜料层内的胶产生变化所致。

（五）朱砂 + 土红

对朱砂+土红5种模拟实验的分析结果表明，只有朱砂部分转变成黑辰砂。常温常湿与二氧化硫反应和高温高湿与二氧化硫反应实验后土红+朱砂无论在颜色还是成分方面，都是比较稳定的。

因为土红的存在，提高了混合颜料中朱砂的耐光性，所以相对于单独的朱砂而言，在高温高湿紫外光实验后光照对朱砂色差变化的影响减小，如表4-6所示。同时，混合颜料内朱砂的含量减少也起到了一定的减小色差的作用。

表 4-6 朱砂 + 土红模拟实验后色差表

模拟实验名称	ΔL	Δa	Δb	ΔE	表面现象
高温高湿	0.3	0.2	-0.7	0.8	无变化
高湿常温	0.2	0.3	-0.5	0.6	无变化
高温高湿紫外光	-2.9	-1.7	-2.3	4.1	明显变暗
常温常湿与二氧化硫反应	0.3	0.2	0.7	0.8	无变化
高温高湿与二氧化硫反应	-1.0	-1.2	-0.5	1.7	无变化

上述实验结果说明，朱砂+土红颜色的改变主要是受到了光照的影响。

二、黄色颜料

黄色颜料包括石黄、雄黄和土黄。

（一）石黄

石黄又名雌黄，雌黄是俗称。在5种模拟实验中，高温高湿紫外光实验后的色差是最大的，最小的是高温高湿实验后的色差，如表4-7所示。

表4-7 石黄模拟实验后色差表

模拟实验名称	ΔL	Δa	Δb	ΔE	表面现象
高温高湿	−0.5	0.3	0.5	0.8	无变化
高湿常温	−0.3	0.5	0.6	0.9	无变化
高温高湿紫外光	−1.3	1.5	−2.4	3.1	局部变浅
常温常湿与二氧化硫反应	1.0	0.1	1.1	1.6	无变化
高温高湿与二氧化硫反应	0.9	0.0	−0.3	0.9	无变化

拉曼视频显微镜下可观察到，在高温高湿紫外光实验后局部有白色与黄色颗粒的混合（图3-33），白色颗粒的显微拉曼光谱分析结果与石黄明显有区别，已经基本接近三氧化二砷（图3-35）。XRD和XRF的分析结果（参见附录B、附录C）说明，由于存在光照，三氧化二砷含量随着高温高湿紫外光实验时间的增加而逐步提高，但过程比较缓慢。

对比常温常湿和高温高湿与二氧化硫反应实验后的色差（表4-7）和分析结果（参见附录B、附录C），说明由于常温常湿与二氧化硫反应实验条件有自然光照，所以其色差相对较大。

通过模拟实验结果的比较分析，可以认为石黄颜色变化的主要原因是光照累积的结果，颜色的褪变是缓慢进行的。

（二）雄黄

雄黄又称硫化砷，古代就知道将雄黄置于阳光下曝晒，会变为黄色的雌黄和砷华，所以保存应避光以免受风化。文献中雄黄的分子式有写成As_2S_2的，有写成As_4S_4的，也有写成AsS的。虽然这3种写法中As与S原子个数比均为1:1，但实际上晶体结构是不同的[154]。

雄黄在高温高湿实验后的色差最大，如表4-8所示。XRD分析结果表明，在高温高湿实验后，雄黄有不同配比的硫化砷存在（参见附录B）。

表4-8 雄黄模拟实验后色差表

模拟实验名称	ΔL	Δa	Δb	ΔE	表面现象
高温高湿	1.3	−3.6	3.1	5.0	颜色变浅
高湿常温	0.9	−1.0	1.1	1.7	无变化
高温高湿紫外光	−1.7	2.0	3.6	4.5	颜色变浅
常温常湿与二氧化硫反应	1.0	−2.2	4.0	4.7	颜色变浅
高温高湿与二氧化硫反应	0.8	0.0	1.7	1.8	无变化

高温高湿紫外光实验后雄黄的色差变化也较大，其色差在 360 h 时曾达到 ΔE 6.11（参见附录 D）。XRD 分析结果表明，实验进行 144 h 后可见雄黄出现了向三氧化二砷的转变，216 h 后三氧化二砷含量增加，在 360 h 后还出现了不同配比的硫化砷，至实验结束产生了三氧化二砷和多种硫化砷（参见附录 B）。依据 XRF 分析，可知硫化砷的含量明显减少，三氧化二砷逐步增多（参见附录 C）。

拉曼视频显微镜下可见，在高温高湿紫外光实验一个周期（216 h）后局部存在橘红色与黄色的混合。在三个周期（648 h）后，能观测到明显的白色点（图 3-38），其显微拉曼光谱分析图谱已经基本接近三氧化二砷（图 3-39）。

雄黄在常温常湿、高温高湿与二氧化硫反应实验后，成分无变化，说明色差的产生与成分无关。而雄黄在高温高湿紫外光实验后既有不同的硫化砷产生，又出现了成分的改变，与褪变色现象的发生密切相关。综合分析结果和色差变化，可认为雄黄颜色的改变主要与高温高湿环境下的光照有关。

（三）土黄

土黄的化学组成主要是羟基氧化铁（α-FeOOH），从矿物学上看一般为针铁矿晶形，是颜色纯净、结构松软的褐铁矿变体，并含有大量的黏土、白垩。

土黄颜色不但与其化学组成有关，而且与其晶体构型及颜料粒子大小有关[155]。其耐光性、耐大气性和耐酸碱性均好，但耐热性不好，遇热会失去结晶水变为赭红色。实验后的分析结果显示，高温高湿与高温高湿紫外光实验后均未出现土黄的分解情况，也未见颜色有明显转变。高温高湿紫外光实验后 XRD 分析土黄几乎未见成分改变。常温常湿与二氧化硫反应、高温高湿与二氧化硫反应实验后土黄不仅成分无变化，色差也在可接受范围内，无褪变色现象出现。

在高温高湿紫外光实验三个周期（648 h）后，拉曼视频显微镜下观测到颜料层内有微量褐色颗粒，与土黄未老化样分析谱图对比，新增加了无定形碳的特征峰（图 3-42）。

显微拉曼光谱分析结果表明，局部有微小的杂质存在，并同时有胶黄化的颗粒出现，但上述颗粒数量都非常少，所以对总体色差影响较小。

XRD分析表明，可能出现了氧化铁水合物，但即使产生水针铁矿，其与针铁矿在颜色、成分上很相似，所以很难分辨。因此，虽然实验后可能存在微小颜料颗粒成分的变化，但在色差方面，变化微乎其微，无法识别。

结合5种模拟实验后土黄的色差变化来看（表4-9），主要环境因素和污染气体都不会使土黄颜色发生明显改变，因此实际环境中土黄应为色彩较为稳定的颜料。

表 4-9　土黄模拟实验后色差表

模拟实验名称	ΔL	Δa	Δb	ΔE	表面现象
高温高湿	0.1	0.2	0.3	0.4	无变化
高湿常温	0.0	0.6	0.1	0.6	无变化
高温高湿紫外光	1.1	0.4	−1.0	1.5	无变化
常温常湿与二氧化硫反应	0.9	0.5	1.0	1.5	无变化
高温高湿与二氧化硫反应	−0.9	0.0	0.6	1.1	无变化

三、白色颜料

模拟实验使用的白色颜料为铅白，古今文献中铅白的称谓繁多，如铅粉、解锡、胡粉等。

通常古代使用的铅白是指分子式为 $2PbCO_3 \cdot Pb(OH)_2$ 或 $Pb_3(OH)_2(CO_3)_2$ 的化合物，其是由碳酸铅和氢氧化铅组成的化合物[156]。实验用的铅白购自国药集团化学试剂有限公司，标注为化学纯碱式碳酸铅，分子式为 $(PbCO_3)_2 \cdot Pb(OH)_2$。

XRD检测谱图解析为铅白 $Pb_3(OH)_2(CO_3)_2$ 和无水铅白 $PbCO_3$ 的混合样：一是因为解析软件中无 $(PbCO_3)_2 \cdot Pb(OH)_2$ 的 XRD 标谱；二是工业生产的标准与解析软件的标准有区别；三是 $(PbCO_3)_2 \cdot Pb(OH)_2$ 中不可避免地存在 $PbCO_3$。古代的实际样品解析后结果往往也是同时含 $Pb_3(OH)_2(CO_3)_2$ 和 $PbCO_3$。因此，谱图解析对实验过程和结果均没有影响。

在高温高湿紫外光和高温高湿与二氧化硫反应实验后，铅白的色差变化较大，如表4-10所示。

表 4-10 铅白模拟实验后色差表

模拟实验名称	ΔL	Δa	Δb	ΔE	表面现象
高温高湿	−0.3	−0.0	2.1	2.1	无变化
高湿常温	0.8	0.0	0.2	0.8	无变化
高温高湿紫外光	−5.8	0.6	1.3	6.0	明显变暗
常温常湿与二氧化硫反应	−0.5	0.2	−0.7	0.9	无变化
高温高湿与二氧化硫反应	−3.3	1.6	5.1	6.3	明显变暗

XRD 分析未见铅白在高温高湿紫外光实验后有成分改变，但显微拉曼光谱分析的结果表明，高温高湿紫外光实验后有微小的铅白颜料颗粒发生了成分的变化。使用拉曼视频显微镜观察，发生成分改变的颜料颗粒非常微小（图 3-44），不是色差变化的主要原因。这说明胶的老化或黄化现象对铅白颜色的影响是十分显著的，是色差变化的主要因素。

常温常湿与二氧化硫反应实验后铅白转变生成了亚硫酸铅（表 3-14），可色差变化基本属于微小范围，表明亚硫酸铅的产生不会导致铅白颜色的明显变化。高温高湿与二氧化硫反应实验后铅白转变为亚硫酸铅、硫酸铅（表 3-18），色差变化明显。模拟实验的结果表明，铅白处于高温高湿的环境下时，光照和二氧化硫都会使其产生明显的褪变色。

四、蓝色颜料

蓝色颜料包括群青、花青和石青。

（一）群青

最早的群青由青金石制成，其成分是天然的矿物颜料。随着矿石的减少和生产技术的提高，后期的群青都为人工合成，实验使用的是现在绘画界常用的合成群青。画家普遍认为群青不能和含铜、铅、铁等颜料混合，否则会生成硫化物变色，但从壁画的颜色分析来看并无变色反应，如莫高窟等[157]。

在三个周期（648 h）的高温高湿和高温高湿紫外光实验后，群青无论是在色泽还是成分方面都基本没有变化（图 3-12、图 3-13），说明在高温、高湿、光照条件下群青极为稳定，胶老化对色彩影响也非常小，不存在褪变色现象的产生条件。

XRD 分析结果表明，常温常湿与二氧化硫反应实验后，群青完全转变成为一种新的含水的铝钠硫酸盐，经查是三斜钠明矾。高温高湿与二氧化硫反应实验后，群青也完全转变为三斜钠明矾。群青本身的化学成分十分复杂，含有多种碱、碱土金属及非金属元素，如钠、钙、硅、氯、硫等。其中的金属元素都可能与水、二氧化硫气体发生反应生成相应的盐。与二氧化硫反应实验后群青分解变色，基本呈现为白中带黄的颜色，与原来颜色已完全不同（图 3-64、图 3-65），色差也达到极为巨大的 $\Delta E63.2$ 和 $\Delta E60.8$。

由此可见，空气中二氧化硫的累计效应在常温常湿下就可使群青变色，其是群青产生褪变色的主要原因。

（二）花青

花青的主要成分是靛蓝，属于有机颜料，分子式 $C_{16}H_{10}O_2N_2$，分子结构式如下所示：

从化学性质来看，花青在碱性及氧化环境下会发生化学反应，导致颜料的颜色变浅，这是因为靛蓝和靛白能够相互转化。例如，中国古代使用靛蓝染色就是应用靛蓝和靛白的相互转化[158]。靛蓝和靛白的相互转化可以用以下化学反应式表示[159]：

靛蓝　　　　　　　　　　靛白

实验分析结果显示，没有靛白隐色盐产生。FT-IR 分析发现在高温高湿紫外光实验 360 h 后，曲线在 2925.31 cm^{-1} 和 2843.59 cm^{-1} 处出现了亚甲基的特征峰（图 4-3）。

至高温高湿紫外光实验三个周期（648 h）后的 FT-IR 分析显示（图

4-4），3297 cm^{-1} 处 N—H 伸缩振动越来越明显（2350 cm^{-1} 处为分析时空气中二氧化碳的干扰峰），说明颜料胶本身出现了性质上的改变，产生了新的基团。显微拉曼的分析结果也表明，花青中的靛蓝成分在高温高湿紫外光实验后也发生了改变。

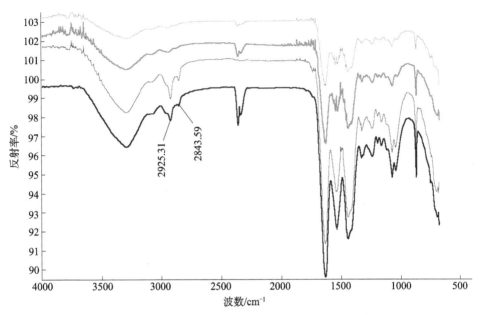

图 4-3　花青高温高湿紫外光实验（360 h）FT-IR 对比图

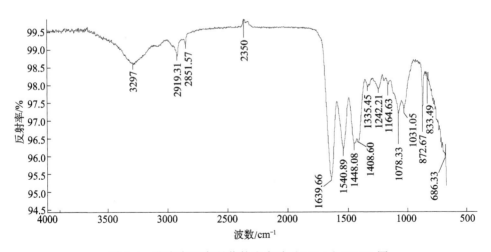

图 4-4　花青高温高湿紫外光实验（648 h）FT-IR 图

从表 4-11 可以看出,高温高湿紫外光实验后花青的色差变化最大,说明花青颜料中的靛蓝成分和颜料胶发生改变后,会使花青颜色明显变化。

表 4-11 花青模拟实验后色差表

模拟实验名称	ΔL	Δa	Δb	ΔE	表面现象
高温高湿	2.2	0.2	−0.3	2.2	轻微变暗
高湿常温	1.2	−0.4	0.6	1.4	无变化
高温高湿紫外光	−4.5	−1.4	1.4	4.9	变暗
常温常湿与二氧化硫反应	1.9	0.3	−0.1	1.9	无变化
高温高湿与二氧化硫反应	0.9	0.1	−2.3	2.5	轻微变暗

常温常湿与二氧化硫反应实验后花青无变化,高温高湿与二氧化硫反应实验后花青中出现了含水硫酸钙(表 3-18),这是其中含钙成分发生变化,花青所含颜料本身并无变化。因此,花青的色差变化都较小,基本无褪变色现象发生。

对比色差变化和分析结果可知,在高温高湿环境下,光照会促进花青中的成分发生变化(图 3-16),这是褪变色现象发生的主要原因。

(三)石青

石青为次生氧化矿物,在自然界以蓝铜矿的形式存在。其化学式为 $Cu_3(CO_3)_2(OH)_2$,是古代常用的蓝色颜料之一。有研究认为,蓝铜矿和孔雀石可相互转变[160],蓝铜矿比孔雀石稳定[161]。通常情况下,石青化学性质较稳定,但在潮湿的情况下会产生 OH^-,并与空气中的酸性气体发生化学反应,从而褪色[162]。

依据分析结果,在高温高湿实验后石青没有成分上的改变,但在高温高湿紫外光实验 144 h 后有羟氯铜矿出现,216 h 后有氧化铜和羟氯铜矿同时存在(参见附录 B)。通过 XRF 分析也能看出此时颜料层表面的氯离子有所增加(参见附录 C)。

从对制作模拟样品的旧木材进行进一步离子色谱分析的结果来看,其氯离子含量明显高于正常木材,最高的接近 4‰,见表 4-12。

表 4-12　旧木材内氯离子浓度表

样品号	出峰时间 /min	峰面积 /μV.s	浓度 /(mol/L)	制样时加入样品质量 /g	实际浓度 /‰
旧木 1	7.40	692 893.00	3.41	0.30	0.55
旧木 2	7.44	715 807.00	3.55	0.33	0.53
旧木 3	7.40	4 474 580.00	26.10	0.33	3.91

　　上述木材均来源于旧民居，有一定的代表性，可以看出古建筑中有些木材存在着丰富的氯离子。分析结果说明，在实验过程中，石青一部分与氯离子生成了羟氯铜矿，一部分氧化产生了氧化铜。

　　但在高温高湿紫外光实验 288 h 后未检测出羟氯铜矿，360～648 h 后一直有氧化铜的存在（表 3-11）。这是因为羟氯铜矿极不稳定，容易分解，但氧化铜为稳定存在的产物。拉曼视频显微镜下可见样品内存在黑色点，对其进行分析证明黑色点与石青是不同成分的物质，可能为氧化铜。同时，还可见有老化的胶包裹了表面的颜料颗粒，使颜料层的颜色在局部显现为蓝中偏黄。

　　黑色的氧化铜和老化的胶都会造成石青表面颜色的改变，从表 4-13 可以看出，在高温高湿紫外光实验后色差变化较大，但却没有与二氧化硫反应实验后的色差变化大。

表 4-13　石青模拟实验后色差表

模拟实验名称	ΔL	Δa	Δb	ΔE	表面现象
高温高湿	-1.4	0.2	0.9	1.7	无变化
高湿常温	-0.4	0.2	0.6	0.7	无变化
高温高湿紫外光	-3.5	-0.8	5.2	6.4	局部褐色
常温常湿与二氧化硫反应	-5.8	-1.4	17.7	18.7	局部褐色
高温高湿与二氧化硫反应	-3.3	7.7	-10.0	13.1	局部褐色

　　常温常湿与二氧化硫反应实验后石青表面有浅褐色，但对成分的分析未见变化；高温高湿与二氧化硫反应实验后石青表面同样有褐色，但仅限于表面局部极薄的一层，XRF 分析可见表面硫含量增加（参见附录 C）。显微拉曼光谱分析和 XRD 分析结果表明出现了五水硫酸铜和胶的黄化现象。因为存在表面变色和内部成分改变的现象，并有明显颜色上的改变，所以在高温高湿与二氧化硫反应实验后色差变化也是非常大的。

实验结果说明，在高温高湿的环境下，二氧化硫和光照会使胶料老化，并导致石青成分发生改变，从而出现明显的褪变色现象。

五、绿色颜料

绿色颜料包括石绿、氯铜矿。

（一）石绿

石绿是我国古代常用的绿色颜料，由天然矿物孔雀石加工制成，组成为碱式碳酸铜 Cu（OH）$_2$•CuCO$_3$。

从表 4-14 可知，总体上模拟实验后石绿的色差变化都不大。相对其他实验，在高温高湿与二氧化硫反应实验和高温高湿紫外光实验后，石绿的色差变化较大。

表 4-14　石绿模拟实验后色差表

模拟实验名称	ΔL	Δa	Δb	ΔE	表面现象
高温高湿	0.7	-0.2	0.5	0.9	无变化
高湿常温	0.3	0.2	0.2	0.4	无变化
高温高湿紫外光	-2.51	0.28	0.63	2.60	轻微变暗
常温常湿与二氧化硫反应	1.6	-1.5	0.1	2.2	轻微变暗
高温高湿与二氧化硫反应	-2.0	0.2	-1.9	2.8	轻微变暗

对模拟样品分析检测的结果表明，高温高湿与二氧化硫反应和常温常湿与二氧化硫反应实验后，石绿都无成分变化（表 3-14、表 3-18），色差变化也属于在工业标准中有些差距的范围内，说明是二氧化硫对胶产生了一定的影响。

石绿在高温高湿紫外光实验后会生成黑色的氧化铜（表 3-11）。显微拉曼光谱分析结果也表明，颜料层内的黑色颗粒与石绿颜料颗粒成分不同（图 3-26）。同时，拉曼视频显微镜下也可见有老化发黄的胶包裹在表面的颜料颗粒上，使颜色发生改变。

上述实验表明，二氧化硫和光照对石绿模拟样品中颜料和胶的影响明显强于湿度和温度，是颜色改变的主要原因。

（二）氯铜矿

氯铜矿又名碱式氯化铜，结构为 Cu$_2$Cl(OH)$_3$，相对易溶于酸性溶剂，氧化性弱[163]。氯铜矿与石绿一样，也是铜矿的次生成物。凡是有铜矿的地方，如果有氯离子存在，则必然有氯铜矿存在，石绿与氯铜矿矿石颜色接近，只是结晶度不同。因此，古人无法将石绿与氯铜矿区分开，常常误将氯铜矿矿石当作石绿进行开采并制成绘画颜料，这一点从敦煌各时代洞窟壁画中大量使用氯铜矿作为绿色颜料可得到很好的证明[164]。

依照高温高湿、高湿常温和高温高湿紫外光实验后的分析结果，氯铜矿是十分稳定的。其颜料未见到理化性质的改变，色差的变化也非常微小，说明在没有其他因素的影响下，自然环境下的温湿光三方面因素基本不会使之发生褪变色，即使在拉曼视频显微镜下观察也未见到有成分上发生改变或转变的颜料颗粒（图3-27），是较稳定的绿色颜料。

如表4-15所示，氯铜矿在常温常湿与二氧化硫反应和高温高湿与二氧化硫反应实验后，色差变化非常大。在高温高湿与二氧化硫反应实验后，碱式氯化铜变化为五水硫酸铜（表3-18），颜色部分由绿变蓝（图3-65），色差也属于在工业应用中不可接受的范围内。所以，如果持续在高温高湿的环境下，空气中的二氧化硫就可能会使碱式氯化铜发生成分改变，并产生局部变色。

表 4-15　氯铜矿模拟实验后色差表

模拟实验名称	ΔL	Δa	Δb	ΔE	表面现象
高温高湿	-0.7	-0.2	0.4	0.9	无变化
高湿常温	0.8	0.3	-0.1	0.9	无变化
高温高湿紫外光	-2.9	0.1	0.2	2.9	轻微变暗
常温常湿与二氧化硫反应	0.6	0.3	5.0	5.1	有褐色点
高温高湿与二氧化硫反应	2.8	16.7	-6.0	18.0	局部变色

六、小结

单色颜料中的红色颜料在进行与温度、湿度、光照相关的实验后，除朱砂外都属于褪变色相对较小的颜料。红色颜料不会与二氧化硫发生反应导致颜色改变，铅丹、朱砂＋铅丹的变色是二氧化硫使其颜料层内胶的变性所致。

黄色颜料在光照条件下大部分都不稳定，有着化学成分改变导致的变色。石黄、雄黄的色差变化相对较大，土黄的色差变化微小。二氧化硫与黄色颜料都没有发生化学反应，胶老化黄变产生的影响也较小，可认为二氧化硫与黄色颜料的褪变色无关。

蓝色颜料在高湿高温的条件下均十分稳定，在有光照的情况下花青、石青颜色褪变色较明显，这是因为颜料本身和胶料均发生改变。群青颜料和胶料基本都处于稳定状态，所以未见明显的褪变色情况。但是，在有二氧化硫的环境中，蓝色颜料中只有花青是稳定的，其他都会发生极大的变色，说明常用的蓝色颜料石青和群青，在长期存在二氧化硫的环境下会受到较大影响，发生褪变色。

绿色颜料中石绿会受到温度、湿度、光照的影响发生化学成分的改变，这是其褪变色的主要原因。氯铜矿则在高温高湿与二氧化硫反应实验后产生严重变色。同时，模拟实验后胶出现的老化和黄化现象对颜色的影响较大，而且在高温高湿与二氧化硫反应实验后，绿色颜料样品对比其他样品，胶料明显失效，颜料层呈片状脱离，这可能与绿色颜料含胶量少也有关。

综合所有的实验结果和分析检测来看，就单色颜料（包括混合的红色颜料）的褪变色而言：蓝色颜料和绿色颜料由于在有光照条件和存在二氧化硫的实验后都会出现成分上的变化，同时胶的老化和黄化对其颜色影响较大，故而色差变化也较大，表现为颜色变化十分明显。

红色颜料与二氧化硫实验反应后总体成分未见改变，胶老化的影响也较小。光照对红色颜料的作用是一个缓慢的过程，所以其色差变化也较小，颜色变化不明显。黄色颜料中的土黄是单色颜料中最稳定的颜料，雄黄和石黄虽然会受到光照的影响发生成分上的改变，但转变的过程较为缓慢，胶老化的影响相对较小，综合实验后的色差变化相对都小于蓝绿色颜料。

第二节　二色颜料实验结果讨论

一、红色的二色颜料

红色的二色颜料为朱砂＋铅白，在高温高湿与高温高湿紫外光实验后朱砂＋铅白的色差变化都较大，见表4-16。

表 4-16　朱砂 + 铅白实验后色差表

模拟实验名称	ΔL	Δa	Δb	ΔE	表面现象
高温高湿	-4.9	1.0	-0.2	5.0	明显变暗
高湿常温	0.2	-0.5	-0.5	0.8	无变化
高温高湿紫外光	-5.0	0.7	0.2	5.1	明显变暗
常温常湿与二氧化硫反应	3.9	-4.6	-1.6	6.3	明显变暗
高温高湿与二氧化硫反应	0.7	1.4	0.9	1.8	无变化

在高温高湿与高温高湿紫外光实验后，分析结果表明铅白皆未见成分改变，朱砂在高温高湿紫外光实验 144 h 后一直存在转变的少量黑辰砂（表 3-12）。这说明朱砂 + 铅白在高温高湿下的变色是因为颜色相对原色较浅，使得胶老化后对色差有一定的影响，所以导致表面颜色变暗。而在高温高湿紫外光实验后还有朱砂变化导致的颜色改变（图 3-48），从而使色差相对较大。

常温常湿与二氧化硫反应实验后，铅白转变为亚硫酸铅，存在朱砂转变的少量黑辰砂（表 3-16）。高温高湿与二氧化硫反应实验后铅白转变为亚硫酸铅，朱砂未见成分变化（表 3-20），可见二氧化硫只对铅白产生了作用。色差反而是常温常湿与二氧化硫反应实验后变化较大，说明光照与二氧化硫的共同作用超过了二氧化硫与高温高湿结合后对朱砂 + 铅白颜色的影响。

二、蓝色的二色颜料

（一）石青 + 铅白

XRD 分析结果显示，石青 + 铅白中的石青在高温高湿与高温高湿紫外光实验后均没有发生变化。石青 + 铅白中的铅白在高温高湿实验后无变化产生，但在高温高湿光照实验 216 h 后部分转变为一氧化铅，在 432 h 后可能出现了二氧化铅（表 3-12），其后至三个周期（648 h）结束都可能共存有一氧化铅和二氧化铅（一氧化铅和二氧化铅在 XRD 分析中基本重峰，难以区分）。因一氧化铅本身也有颜色（图 3-51），所以色差变化较为显著。

实验结果说明，在高温高湿的环境下，光照会使石青与铅白混合颜料中铅白的稳定性降低，发生成分的改变。石青 + 铅白在常温常湿与二氧化硫反应后：石青有局部成分的改变，变化为五水硫酸铜；铅白部分转变为一氧化铅、亚硫酸铅（表 3-16）。就实验结果分析能够得知，石青与铅白混合后，在常温常湿的环境下，都可以与二氧化硫生成五水硫酸铜，从而使颜色发生极大改变（图 3-64）。

在高温高湿与二氧化硫反应后，石青 + 铅白中石青部分变化为五水硫酸铜，铅白最后的转变产物为硫酸铅（表 3-20），成分的改变使得色差变化也非常大（图 3-65）。由此可见，石青 + 铅白极易受到环境中二氧化硫的影响而产生褪变色，当累积到一定量后，在常温常湿条件下反应即可发生。

（二）花青 + 铅白

红外分析和显微拉曼光谱分析表明，花青和铅白在高温高湿与高温高湿紫外光实验后，均没有发生成分变化。花青 + 铅白的色差变化，相对于两种颜料未混合前，处于相同实验条件下的变化为小，说明花青和铅白混合后的颜料如处于高温高湿环境下，即使有强烈光照也是基本稳定的。

在常温常湿与二氧化硫反应实验后，虽然花青无变化，但铅白已变化为亚硫酸铅（表 3-16）。在高温高湿与二氧化硫反应实验后，花青同样无变化，铅白变化为亚硫酸铅、硫酸铅（表 3-20）。

虽然在与二氧化硫的实验后，铅白产生了变化，但由于花青中显色的靛蓝成分未出现改变，因此色差变化不大（图 3-64、图 3-65）。这说明二氧化硫的影响对于花青 + 铅白来讲，虽然能导致配色成分（铅白）的改变，但因为显色成分（花青）的稳定不变，所以不会出现明显的褪变色。

通过模拟实验可以看出，就色差的变化来说，花青和铅白是较为稳定的二色颜料，不会有褪变色严重的现象出现。

（三）群青 + 铅白

高温高湿、高湿常温和高温高湿紫外光实验后，群青和铅白都没有出现成分上的改变。其色差变化主要是胶的老化对颜色的影响导致的，远比与二氧化硫反应实验后的色差小，见表 4-17。

表 4-17　群青 + 铅白模拟实验后色差表

模拟实验名称	ΔL	Δa	Δb	ΔE	表面现象
高温高湿	-1.3	-2.3	5.6	6.3	明显变暗
高湿常温	0.1	0.1	-0.1	0.2	无变化
高温高湿紫外光	-0.86	-1.43	3.62	3.99	变暗
常温常湿与二氧化硫反应	37.0	-7.8	41.1	55.8	变为白色
高温高湿与二氧化硫反应	46.9	-14.0	36.0	60.8	变为白色

与二氧化硫反应实验后，群青＋铅白的颜色完全改变，从蓝色变为了白色。对反应后产物的分析结果显示：常温常湿与二氧化硫实验反应后群青完全转变，铅白转变成了硫酸铅（表 3-16）。因为群青中硫酸根的存在，所以铅白没有先转变成亚硫酸铅，而是直接变成了硫酸铅。

群青、铅白在高温高湿与二氧化硫反应实验后，群青、铅白已完全不存在，只有氯化铅和硫酸铅存在（表 3-20），氯化铅估计是铅白与木材中的氯离子生成的产物。虽然硫酸铅和氯化铅都是白色，颜色与铅白差别不大，但因为主要显色成分群青的消失，导致了群青＋铅白的色差发生巨大改变，已完全褪变色（图 3-64、图 3-65）。实验表明，环境中二氧化硫对群青＋铅白的褪变色有着显著的影响。

三、绿色的二色颜料

（一）石绿＋铅白

石绿＋铅白中石绿在高温高湿与高温高湿紫外光实验后均没有成分变化发生，铅白也无变化发生（表 3-12）。因此，在高温高湿与高温高湿紫外光实验后色差较大的原因是胶的老化。同时，以有无光照作为比较，可以看出，光照会使石绿＋铅白混合颜料中的胶老化加剧，从而使褪变色现象更为明显（图 3-60）。

石绿有少量颜料颗粒在常温常湿与二氧化硫反应实验后成分改变，铅白此时转变为亚硫酸铅（表 3-16）。在高温高湿与二氧化硫反应实验后，石绿＋铅白中的石绿转变为五水硫酸铜，铅白转变为一氧化铅。显微拉曼光谱分析也检测出微区存在由石绿转变成的产物五水硫酸铜（表 3-20）。

与二氧化硫反应后，石绿＋铅白内颜料成分都出现改变，使得颜色改变极大（图 3-64、图 3-65），这说明二氧化硫会使石绿＋铅白发生明显的褪变色。

（二）氯铜矿＋铅白

高温高湿与高温高湿紫外光实验后氯铜矿和铅白都没有变化产生，但由于胶老化后产生的黄色（图 3-63）会较大地影响氯铜矿＋铅白呈现的浅绿色，所以环境中的高温高湿会使氯铜矿＋铅白的色差产生较大变化。

分析结果说明，常温常湿与二氧化硫反应实验后，氯铜矿局部有成分的变化，部分变化为五水硫酸铜（表 3-16）；铅白则部分转变为一氧化铅、亚硫酸铅，还可能有二氧化铅。高温高湿与二氧化硫反应实验后的分析结果显示（表 3-20），氯铜矿＋铅白中氯铜矿转变为蓝色的五水硫酸铜，铅白转变为氯化铅。

通过实验可了解到，氯铜矿＋铅白在高温高湿与二氧化硫反应后，其色差变化更为复杂，发生了一系列的化学反应。先是铅白生成了一氧化铅、亚硫酸铅，后又与二氧化硫和氯铜矿反应后释放出的氯离子生成二氯化铅，其褪变色过程也是极为复杂的。反应过程中生成的五水硫酸铜在常温常压下很稳定，不潮解，但如果暴露在干燥的空气中会由于失去水而变成不透明的浅绿白色粉末。同时五水硫酸铜极易溶于水，易导致颜料层的脱落（图 3-64、图 3-65），进而使褪变色现象更为严重。

四、小结

如前所述，只要是混合的二色颜料，其中的铅白在有二氧化硫的环境下都不稳定，会发生成分上的改变。含铜二色颜料中的铅白在常温常湿下与二氧化硫反应后生成了一氧化铅和亚硫酸铅（表 3-16），而单色颜料铅白在常温常湿与二氧化硫反应后只生成了亚硫酸铅。

需要注意的是，在与二氧化硫反应后蓝绿二色颜料中的含铜颜料都发生了改变。通常情况下，空气中富含二氧化硫会与水反应生成亚硫酸，亚硫酸会进一步形成稀硫酸。含铜颜料如果与稀硫酸反应会生成硫酸铜，但单色含铜颜料在常温常湿与二氧化硫反应后皆没有硫酸铜生成。

对比单色颜料中蓝绿色含铜颜料与二氧化硫反应可知（表 3-14），其在未与铅白混合前是较稳定的，成分未发生明显变化。二者混合后不仅铅白发生转变，而且容易导致相对稳定的含铜颜料发生转变。根据分析结果可知（表 3-16），铅白［$2PbCO_3 \cdot Pb(OH)_2$］在与含铜二色颜料混合后，铅白变成了一氧化铅（PbO）和亚硫酸铅（$PbSO_3$）。这说明铅白发生了水解，先生成了氢氧化铅 $[Pb(OH)_2]$，然后氢氧化铅发生分解，成为一氧化铅。

水解反应如下：

$Pb^{2+}+2H_2O \Longleftrightarrow Pb(OH)_2+2H^+$

与此同时，还存在第二个水解反应，如下所示：

$$CO_3^{2-}+H_2O \rightleftharpoons HCO_3^-+OH^-$$

$$HCO_3^-+H_2O \rightleftharpoons H_2CO_3+OH^-$$

第一个反应比第二个反应要强烈〔因为 $Pb(OH)_2$ 的电离度比 H_2CO_3 的小，电离度越小，相对应的盐水解越强烈〕，会使得铅白与含铜颜料混合的蓝绿二色颜料内的 H^+ 随着铅白水解反应的不断发生而增多，从而酸性增强。常温常湿与二氧化硫反应实验的湿度依据江苏省年平均湿度设定在70%，湿度相对较高，有利于铅白发生水解反应。

正因为铅白水解反应的发生，随着含铜蓝绿二色颜料的酸性增强，原先稳定的石青、石绿、氯铜矿开始和二氧化硫及氧气反应，生成了硫酸铜，硫酸铜再与水反应最终生成五水硫酸铜。

反应过程如下：

$$Cu_3[CO_3]_2(OH)_2+4SO_2+2O_2 = 3Cu^{2+}+4SO_4^{2-}+2H^++2CO_2 \uparrow$$

$$2Cu(OH)_2 \cdot CuCO_3+2SO_2+O_2+4H^+ = 4Cu^{2+}+2SO_4^{2-}+4H_2O+2CO_2 \uparrow$$

$$Cu_2Cl(OH)_3+3H^+ = 2Cu^{2+}+Cl^-+3H_2O$$

$$CuSO_4+5H_2O = CuSO_4 \cdot 5H_2O$$

因此，在含铜蓝绿二色颜料常温常湿与二氧化硫反应后，氯铜矿＋铅白、石青＋铅白都检测出含有五水硫酸铜（表3-16）。

同时，在反应过程中形成的稀硫酸和水对颜料层中的胶膜也会造成一定的破坏。原先含铜二色颜料层中的胶膜是坚固和富有弹性的，但其遇水后会使胶层膨胀而失去黏结强度。在稀硫酸的影响下，胶膜会发生水解反应，其分子的长肽链将不断地水解，生成低分子多肽，导致某些有用的性能丧失，特别是丧失黏结能力，同时在表面会形成明显的褐色（图3-64）。

相关研究表明，使用三种无机酸盐酸（一元酸）、硫酸（二元酸）、磷酸（三元酸），对明胶（与骨胶类似）进行水解反应后，水解效果差别不大。但相比之下，硫酸的效果更好[165]。该研究结果显示，硫酸不仅能够促使胶膜水解，而且是无机酸中相对作用较强的。

此外，在高温高湿紫外光实验后，含铜的蓝绿二色颜料分析结果也表明有一氧化铅的生成（表3-12），说明也存在铅白的水解反应，但没有二氧化硫的存在，未出现转变成硫酸铜的现象。

高温高湿与二氧化硫反应实验的温湿度条件为温度41.0℃、湿度95%以上，常温常湿与二氧化硫反应实验温湿度条件为温度25℃左右、湿度70%。虽然高温高湿与二氧化硫反应的湿度更高，更有利于铅白发生水解反应。但因为在高温高湿的条件下，二氧化硫可以与水发生反应直至生成稀硫酸，再与蓝绿二色颜料中的含铜颜料和水反应生成五水硫酸铜，已经不需要铅白水解反应的促进作用，如前实验分析结果所示（表 3-20）。同时，颜料层中胶膜被破坏的程度也更大（图 3-65）。

分析中还发现，氯铜矿＋铅白在常温常湿与二氧化硫反应实验后可能产生了二氧化铅（表 3-16）。如果存在二氧化铅，其具有强氧化性，会与二氧化硫和水进一步反应形成硫酸铅和稀硫酸，稀硫酸与含铜二色颜料中的含铜颜料反应，也会生成硫酸铜。国内外学者对铅白变化生成二氧化铅的研究认为，可能在铅白变色的最初阶段，先产生一氧化铅，再进一步反应后生成二氧化铅，是一个非常错综复杂的化学反应过程[166]。

除含铜的蓝绿二色颜料外，在常温常湿与二氧化硫反应后蓝绿二色颜料中群青＋铅白也是不稳定的。从色差测量结果看，除花青＋铅白外，蓝绿的二色颜料色差变化都极大，发生了显著的褪变色现象。由此可见，日常环境中如果长期处于同时具有高湿度和二氧化硫为主要污染气体的条件下，将极易导致大部分蓝绿二色颜料发生严重的褪变色现象。

第三节　色差变化非线性拟合

高温高湿紫外光模拟实验的目的是考虑到环境因素温度、湿度与光照对无地仗建筑彩绘褪变色的影响。实验条件中已尽量模拟实际环境最高的温度、湿度，并提高了光照强度，但客观上只允许进行次数不多的观察和实验，且模拟试验所得高温高湿紫外光色差数据是随机量和离散量。

无地仗建筑彩绘褪变色过程模拟相当复杂，色差变化过程存在多样性和不确定性。因此，作为一种新的尝试和探索，分析高温高湿紫外光模拟实验的色差数据采用了统计学常用的非线性拟合方法对其进行处理。

这种从局部特性推断整体特性的方法，具有普遍的数理统计学和社会学意义，被广泛应用于社会各个研究领域。所以，选择合适的数学模型，考虑对受其他环境因素影响较小的各一种红黄颜料（石黄、朱砂）进行非线性拟合，进而分析研究其规律性，可尝试对实际情况下无地仗建筑彩绘的色差变化进行推断与预测。

一、数学优化分析软件的选择

1stOpt是七维高科有限公司（7D-Soft High Technology Inc.）独立开发，拥有完全自主知识产权的一套数学优化分析综合工具软件包。在非线性回归、曲线拟合、非线性复杂模型参数估算求解方面居世界领先地位。以非线性回归为例，目前世界上在该领域最有名的软件包诸如 Matlab、OriginPro、SAS、SPSS、DataFit、GraphPad 等，均需用户提供适当的参数初始值以便计算能够收敛并找到最优解。如果设定的参数初始值不当则计算难以收敛，其结果是无法求得正确结果。而 1stOpt 凭借其超强的寻优、容错能力，在大多数情况下（＞90%），从任一随机初始值开始，都能求得正确结果[167]。

二、函数方程的选择

从总体色差变化的曲线看，基本是上升后逐渐变为平缓，说明变化由快速变得缓慢并趋于平衡。其类似于幂函数的曲线形式，所以选择软件内包含的以下函数方程进行逐一拟合。

$y = p1*x\^2$、$y = p1/x\^2$、$y = p1*x\^3$、$y = p1*x\^4$

$y = p1+p2*x$、$y = p1+p2/x$、$y = p1*x\^p2$、$y = p1*p2\^x$

以概率论和数理统计中用来度量随机变量的确定系数（软件内 R^2）来衡量对数据的拟合程度，从中得出最优的拟合公式。

三、石黄高温高湿紫外光色差变化非线性拟合

$y = p1*x\^2$	R^2: 0.990 821 720 816 708
$y = p1/x\^2$	R^2: 0.996 074 239 081 813
$y = p1*x\^3$	R^2: 0.992 547 988 391 535
$y = p1*x\^4$	R^2: 0.992 548 056 797 386
$y = p1+p2*x$	R^2: 0.986 342 742 814 23
$y = p1+p2/x$	R^2: 0.990 204 784 609 41
$y = p1*x\^p2$	R^2: 0.992 000 698 244 484
$y = p1*p2\^x$	R^2: 0.986 342 740 651 418

所以，最优的拟合公式选择了 $y = p1/x^2$ 函数方程形式，得到非线性拟合曲线图（图 4-5）和公式如下。

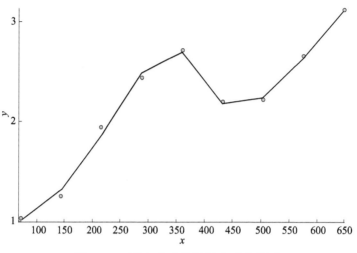

图 4-5 石黄色差非线性拟合后曲线图

$$y = (p1+p3*x^0.5+p5*x+p7*x^1.5+p9*x^2) / (1+p2*x^0.5+p4*x+p6*x^1.5+p8*x)$$

Algorithms: 麦夸特法（Levenberg-Marquardt）

Root of Mean Square Error（RMSE）: 0.040 170 725 495 855 2

Sum of Square Error（SSE）: 0.014 523 184 681 770 1

Correlation Coef.（R）: 0.998 035 189 300 364

R-Square: 0.996 074 239 081 813

Determination Coefficient（DC）: 0.996 073 918 908 342

Parameters Name	Parameter Value========	======= 输出结果 ========		
		No.	Observed Y	Calculated Y
$p1$	15 842.655 538 858	1	1.03	1.014 523 671 264 25
$p2$	1 088.587 469 760 37	2	1.25	1.311 053 733 525 07
$p3$	-4 160.893 323 348 49	3	1.94	1.854 881 998 458 06
$p4$	-124.429 346 251 586	4	2.44	2.490 825 084 991 94
$p5$	490.596 897 778 318	5	2.71	2.698 849 814 098 44
$p6$	4.307 247 101 085 61	6	2.19	2.178 800 493 248 86
$p7$	-25.462 735 568 460 5	7	2.22	2.241 068 067 343 07
$p8$	-0.038 594 675 764 121	8	2.65	2.645 752 267 224 84
$p9$	0.471 980 777 879 879	9	3.12	3.115 977 105 410 79

四、朱砂高温高湿紫外光色差变化非线性拟合

$y = p1*x\char`\^2$　　　　R: 0.993 006 698 820 285

$y = p1/x\char`\^2$　　　　R: 0.996 797 645 543 901

$y = p1*x\char`\^3$　　　　R: 0.998 016 816 794 604

$y = p1*x\char`\^4$　　　　R: 0.987 152 175 758 958

$y = p1+p2*x$　　　　R: 0.996 797 646 069 019

$y = p1+p2/x$　　　　R: 0.997 680 099 370 66

$y = p1*x\char`\^p2$　　　　R: 0.996 797 646 621 882

$y = p1*p2\char`\^x$　　　　R: 0.996 797 605 889 008

所以最优的拟合公式选择了 $y = p1*x\char`\^3$，得到非线性拟合曲线图（图4-6）和公式如下。

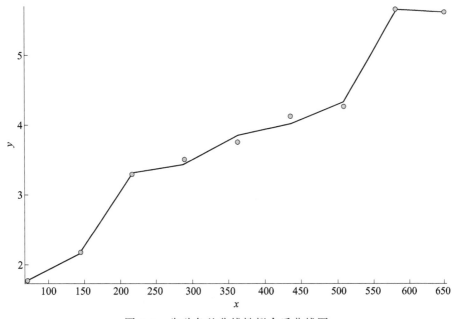

图4-6　朱砂色差非线性拟合后曲线图

$y=p1+p2*x\char`\^0.5+p3*x+p4*x\char`\^1.5+p5*x\char`\^2+p6*x\char`\^2.5+p7*x\char`\^3+p8*x\char`\^3.5$
　　$+p9*x\char`\^4+p10*x\char`\^4.5$

Algorithms: 麦夸特法（Levenberg-Marquardt）

Root of Mean Square Error（RMSE）: 0.055 678 695 982 811 2

Sum of Square Error（SSE）：0.027 901 054 677 116 9

Correlation Coef.（*R*）：0.999 007 916 282 25

R-Square: 0.998 016 816 794 604

Determination Coefficient（DC）：0.998 016 816 600 821

Parameters Name	Parameter Value	=======输出结果=======		
================		No.	Observed *Y*	Calculated *Y*
*p*1	3 914.374 428 690 73	1	1.78	1.780 345 318 464 34
*p*2	−2 017.402 907 280 37	2	2.18	2.175 763 525 429 23
*p*3	458.611 057 520 444	3	3.29	3.311 680 721 385 76
*p*4	−60.960 764 073 439 2	4	3.50	3.440 250 256 113 36
*p*5	5.269 608 922 250 33	5	3.76	3.858 219 336 132 61
*p*6	−0.309 122 413 019 429	6	4.12	4.020 279 557 309 55
*p*7	0.012 332 784 849 447 3	7	4.26	4.321 563 470 693 95
*p*8	−0.000 322 045 828 244 529	8	5.65	5.628 747 068 389 2
*p*9	4.969 440 893 422 531	9	5.61	5.613 154 259 423 03
*p*10	−3.430 391 211 602 110			

五、推导褪变色的速率

对褪变色色差数据进行非线性拟合，能够推测其变化的初步规律。如果在有针对无地仗彩绘长期实地检测的数据（温度、湿度、光照）之后，再进一步通过数学计算，如经验公式和光照间的倍数关系，可以更好地推导褪变色的速率等。

如前所述，黄色颜料受温度、湿度、光照以外其他因素的影响较小，所以选取黄色颜料石黄作为进一步推导的对象。

（一）温度对速率的影响

根据范特霍夫规则，温度每升高 10K，反应速率会增加到原来的 2～4 倍[168]。高温、高湿、紫外光模拟实验设置温度为 41.0℃，而江苏省年平均温度为 14.7℃，实验设置温度比平均温度高 26.3℃，取增加反应速率的下限为 2 倍计算，可粗略估算实验条件下每日反应速率是每日年平均反应速率的 5.26 倍左右。

（二）湿度对速率的影响

从前模拟实验中常温高湿实验可知，单一的高湿度因素对色差的影响不大，因此在反应速率的估算中忽略湿度的影响。

（三）光照对速率的影响

高温、高湿、紫外光模拟实验使用了紫外线 UV-B 照射，现实中江苏省近年年平均（绝对日照）日照为 1617～2395 h。一般阳光中只含有 1.1% 的紫外线 UV-B，紫外辐射可以通过紫外光谱仪实际观测地面紫外辐射水平，也可以利用其他大气观测资料通过模式计算间接得到[169]。现已有气象学者提出通过太阳紫外光谱测量与模式计算相结合的方法，并利用 Lowtran7 模式软件所能提供的计算参数，分别计算了 3 个紫外波段（UV-A、UV-B 和 UV-C）的辐照度。此外，通过计算，还证实了在紫外辐射中以散射辐射为主的情况[170]。这说明，如果拥有实地测量的多年度紫外线辐射监测资料和太阳总辐射资料，将可以建立紫外线与太阳总辐射之间的关系，最终建立评估太阳总辐射和紫外线辐射强度对色差影响的关系和方法。

模拟实验中辐射计 UV-B297 测试为 0.25～0.35W/（m^2·nm）。实验时间为三个周期 27 天，计算总能量为 2 332 800J /m^2。全国大约 3/4 地区日生物有效紫外线辐射强度高于 1.18 MJ/m^2，UV-B 的生物有效辐射强度大约是 UV-A 的 6 倍[171]。因 UV-A 辐射强度约是 UV-B 的 1/6，影响较小。如果将有效紫外线辐射强度一并视为 UV-B 的辐射强度，可进行以下计算：

MJ 是 10^6 J，就是 1 000 000 J，一年 1.18 MJ/m^2 为 1 180 000 J/m^2。

1 180 000 J/m^2 ÷ 365 天 ≈ 3 233 J/（m^2·天）

2 332 800 J/m^2 ÷ 27 天 ≈ 86 400 J/（m^2·天）

86 400 J/（m^2·天）÷ 3 233 J/（m^2·天）≈ 26.7

在不计太阳光中其他光对能量变化的影响的前提下，由于石黄的颜色变化反应是能量增加的反应，所以能量与反应速率应为成正比的线性关系。因缺乏相应的实验和现实数据，现假设能量加倍，反应速度也加倍，因此实验能量为现实中每天能量的 26.7 倍，粗略估计模拟实验条件下光照的紫外辐射反应速率为实际反应速率的 26.7 倍。

（四）与实际时间的换算

如前所述，石黄模拟实验反应速率为实际速率的 5.26 × 26.7 ≈ 140 倍，即高温、高湿、紫外光模拟老化实验进行 1 天，约相当于实际时间下 140 天。实验老化一个周期后约相当于实际时间的 3.45 年，三个周期约相当于实际时间的 10 年。

然后，代入前面石黄色差的非线性拟合公式，推导第三个周期后的色差数据，再换算成实际时间，以此来大概估算石黄在以后若干年的色差变化程度。例如，推测第四个周期的色差变化，将第四周期内三个时间点 720 h、792 h、864 h 代入公式内可得 3.594 701、4.073 771、4.554 083，再换算为实际时间，即约 13.5 年后石黄变化的色差会达到 4.55 左右。

与实际时间的换算，其实在目前是十分困难的，因为现有模拟实验与自然条件的完全对应关系是无法预测和假设的。如果要进行换算，不仅要先有每种颜料在温度、湿度、光照下具体的动态变化，还需要确定其变化阶段与阶段变量，明确状态变量和状态可能集合，确定变量和允许集合，才能确定状态变化方程，明确阶段效应和实际的关系等。现实情况中还存在灰尘、污染气体等其他因素的影响，这也是不可忽略的重要因素。

此外，从以上对红黄色颜料色差的非线性拟合分析可知，并不是拟合的次数越高，越接近特性曲线；而且拟合越接近特性曲线，会出现拟合失真。同时，模拟实验的周期（或时间）越长和重复的次数越多，拟合的结果才会更具有精确性和可推测性，否则可推测的范围将局限于较小的阶段之内。

需要特别指出的是，推导褪变色的速率应用范特霍夫规则要考虑其范围与局限，实际中光照对无地仗彩绘颜料反应速率的影响也是需要实际数据和合理的模式计算才能得出，湿度等因素的影响也是如此。

所以与实际时间的换算，目前还只能处在理论上的假设推导阶段，但该项工作对于努力探求模拟实验与实际情况各方面的相关性，促使模拟试验不断完善和更加有效，并开展进一步的研究，具有积极意义，是有益的尝试和探索。

第四节　实验结果与文物实际病害比对

无地仗建筑彩绘的系列模拟老化实验能较好地模拟自然环境条件，不受季节变化和气候条件的局限，从而对颜料层的褪变色情况进行对比评价。需要指出的是，对于老化实验后颜料层的变化来说，虽然与自然老化结果相近，但是仍旧无法等同，也无法与自然条件下的变化完全一致。因此，比照模拟实验的综合分析结果并结合实际情况进行分析，才能够对颜料层褪变色的变化原因进行更好的解析。如前调查分析，无地仗建筑彩绘褪变色主要可分为以下六种情况。

一、红色颜料的变暗变黑

模拟实验说明，无地仗建筑彩绘中红色颜料的变暗变黑，主要是由于高温高湿环境下的光对朱砂、土红持续作用，从而导致成分的变化；铅丹在弱酸性环境下是稳定的，其发生褪色的主要原因是灰尘的污染，实际保护中无地仗建筑彩绘的铅丹样品和实物如经过清洗，铅丹没有褪变色的发生，如图 4-7、图 4-8 所示徐大宗祠无地仗建筑彩绘铅丹颜料。

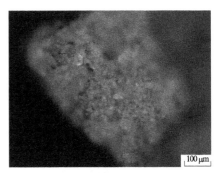

图 4-7　徐大宗祠彩绘铅丹（漏雨变湿）　　　图 4-8　徐大宗祠铅丹显微照片
　　　　　（文后附彩图）　　　　　　　　　　（10×，暗场）（文后附彩图）

混合的红色颜料基本属于稳定的范畴，外界灰尘等污染为褪变色主因，但是与朱砂混合的红色颜料，都会不可避免地存在混合颜料中红色朱砂向黑色黑辰砂的转变，即会导致部分颜色变暗。

无地仗彩绘红色颜料层的胶在缓慢老化后，会使颜料层逐渐变得越来越疏松多孔，如果存在灰尘和炭颗粒的不断侵蚀污染，将颜料层内的孔隙大部分充填（图 4-9），含有朱砂的红色颜料层也会在外观上趋向变黑，如图 4-10 所示，显微拉曼视频下的 10× 照片，能更好地观察到此现象。

二、黄色颜料的发灰发暗

对照模拟实验结果可知，黄色颜料的发灰发暗与红色颜料的变暗变黑一样，主要是高温高湿环境下光的影响，光化学的作用使黄色颜料发生变化，变化的产物导致了黄色颜料的褪变色。表面灰尘的吸附是另一因素，如图 4-11 所示。

图 4-9　严家祠堂次间金檩表面已
发黑的朱砂（文后附彩图）

图 4-10　严家祠堂朱砂显微拉曼
视频照片（10×）（文后附彩图）

图 4-11　苏州凝德堂无地仗建筑彩绘
（文后附彩图）

三、完全呈暗黑色的蓝色

据分析结果，完全呈暗黑色的蓝色是靛蓝和无定形碳的混合，靛蓝本身就显现为蓝黑色，就显微拉曼结合其他的分析检测看，是高温高湿环境下光照使得花青中的胶和靛蓝逐步老化，从而呈现出近似于黑的蓝色，图 4-12 彩衣堂五架梁上的花青即是如此。

同时，群青与群青＋铅白的二色也有可能成为暗黑色，在环境中二氧化硫的长期作用下，其中未完全转化的微量群青颗粒与灰尘等表面污染物相混合，外观上呈现出暗黑色的色泽，如图 4-13 江阴文庙蓝色颜料拉曼视频显微镜照片，图 4-14 显微拉曼光谱分析此蓝色颜料为群青。

图 4-12　彩衣堂五架梁上彩绘的花青颜料
（文后附彩图）

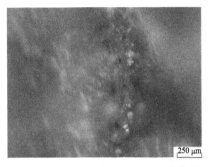

图 4-13　江阴文庙蓝色颜料显微拉曼
视频照片（50×）（文后附彩图）

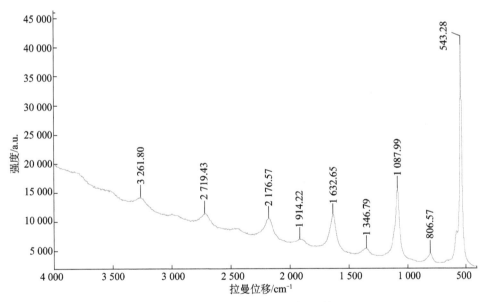

图 4-14　江阴文庙蓝色颜料拉曼谱图

四、二色颜料的完全变化

模拟实验的结果显示，二色颜料的褪变色与空气中的二氧化硫密切相关，尤其是蓝绿色的二色。二色颜料中除朱砂＋铅白在与二氧化硫反应的实验后颜色相对稳定外，其他的都容易发生巨大改变。

同时，如果胶料处于该环境下也极易分解，导致颜色脱落，所以实际中的无地仗建筑彩绘部分二色颜料往往只能留下痕迹或微量存在于木材表面，颜色也不是原有色彩，需要根据图案和元素分析来推断，如图 4-15 脉望馆的无地仗彩绘所示，其样品在拉曼视频显微镜下（图 4-16）已无法发现显色颜料颗粒的存在。

图 4-15　脉望馆建筑彩绘穿枋　　图 4-16　脉望馆褪变二色显微拉曼褪变的
（文后附彩图）　　　　　　　二色颜料视频照片（10×）（文后附彩图）

五、蓝绿色颜料表面乃至内部的褐色

无地仗彩绘实际中存在的蓝绿色颜料层表面乃至内部的褐色，在与二氧化硫反应的实验后，部分蓝绿色模拟样品也出现了此现象，尤其是蓝绿色的二色颜料。对其进行 XRF 分析后证明，颜料层内硫离子相对实验前显著上升，与同样呈现褐色的实际蓝绿色二色样品（图 4-17）分析十分类似。

图 4-18 为安徽呈坎宝纶阁的无地仗建筑彩绘未褪变色的二色绿色颜料，与褪变为褐色的二色绿色颜料对比，其与江苏无地仗彩绘的制作工艺和气候条件基本相同，现存的未变化的绿色二色颜料是难得的实物遗存。

对宝纶阁彩绘绿色颜料（图 4-18）的显微拉曼光谱分析（图 4-19）表明，其中不仅包含了氯铜矿的主要特征峰，还包含强烈的 1600 cm^{-1} 处无定形碳的特征峰，说明是胶包裹或黏附着氯铜矿颜料颗粒。对绿色旁褪变的褐色（图 4-18）也进行了显微拉曼光谱解析（图 4-20），其含有无定形碳的特征峰，说明是产生老化黄变后呈现为褐色的胶。古代如果使用氯铜矿作为绿色颜料，未见同时使用有机颜料的情况，故也能证明褐色主要来自老化的胶产生的黄变。

图 4-17　褪变为褐色的建筑彩绘　　　　图 4-18　尚未变化的绿色颜料
　　　　与实验样品对比（文后附彩图）　　　　　　（文后附彩图）

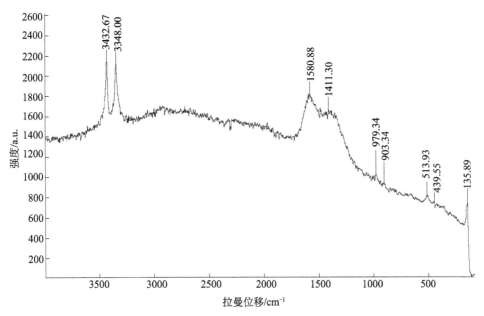

图 4-19　宝纶阁绿色颗粒拉曼谱图

对宝纶阁褪变为褐色颜料的 XRD 分析（图 4-21）表明，褪变为褐色的颜料由铅白、氯铜矿、五水硫酸铜、三水硫酸铜组成，并无显色为褐色或近似褐色的矿物颜料。

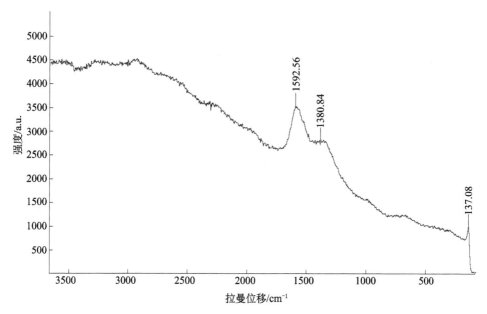

图 4-20　宝纶阁褐色颗粒拉曼谱图

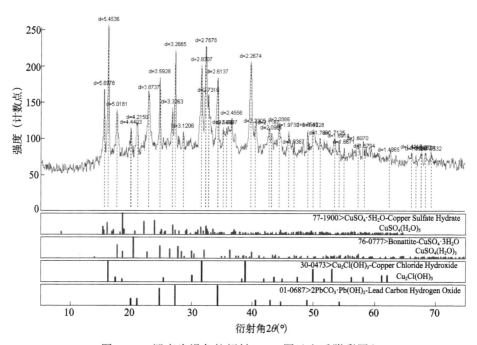

图 4-21　褪变为褐色的颜料 XRD 图（文后附彩图）

对宝纶阁褪变为褐色的颜料层内包含的蓝色点也进行了显微拉曼光谱

分析（图 4-22），其包含无定形碳的特征峰和近似五水硫酸铜的特征峰，进一步说明了褪变颜料层内存在五水硫酸铜。五水硫酸铜在干燥空气中会逐渐风化，逐步加热时两个仅以配位键与铜离子结合的水分子会最先失去，即失去二分子结晶水，变为三水硫酸铜[172]。

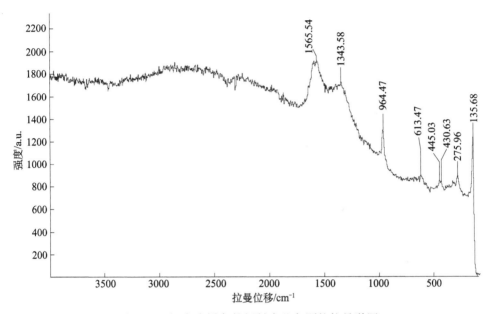

图 4-22　褪变为褐色的颜料内蓝色颗粒拉曼谱图

　　虽然一般环境的最高温度在 40℃ 左右，但建筑彩绘的局部温度可能会达到或超过 50℃，也不能排除虽然未达到反应发生的温度，但其他诸如光照等条件为其提供了反应能量的情况。

　　从宝纶阁无地仗彩绘褪变为褐色的实际文物样品的显微照片能够清楚地看到，表面呈褐色是由下述情况共同组成并体现的：一是颜料层分层形成了凹凸不平的表面，老化的黄褐色胶占了表面的大部分，所以总体在外观上显现为褐色；二是除了胶的老化和黄化现象外，也同时存在着颜料性质改变对颜料层的影响，如拉曼视频显微镜下的照片（图 4-23）中可见蓝绿不一的颜料颗粒，还有灰尘等对表面的污染。这说明无地仗彩绘颜料层褪变色后显现为褐色有着极为复杂的演变过程。

　　从色彩学的色彩调配可知，不等量颜色的混合会滋生出不同色相的变化，其中褐色应为白色、黄色、黑色的混合。褪变为褐色的颜料层内虽然有蓝绿不一的颜料颗粒，但数量较少，又因为黄褐色胶占了颜料层的大部分或包裹了部分的颜料颗粒，所以总体上是底层白色的颜料和表面黄褐色与黑色污染颗粒的混合，故呈现出褐色的视觉效果。

以模拟实验的结果来究其原因可知，一方面，光照使颜料中的胶老化逐渐变黄，随着胶老化，表面由平滑变得粗糙并开始产生分层；另一方面，二氧化硫不仅使胶老化加速，而且胶老化后表面的粗糙分层会导致更易于吸附空气中的二氧化硫，从而与颜料胶中的颜料发生反应，改变颜料的性质，又会使整体在外观上显示为变色十分显著。

因此，常温常湿与二氧化硫反应模拟实验后结果（图4-24）和实际情况的对比，证实了二色颜料使用铅白与蓝绿颜料中铜系颜料的混合，会破坏原有铜系颜料的相对稳定性，在有二氧化硫的环境下更容易发生褪变色，性质也发生改变。如前文无地仗彩绘制作工艺内所述，在无地仗彩绘中往往会使用铅白作为白色衬底，再于其上施彩绘画。这样也容易使无地仗建筑彩绘在表面的颜料胶逐步脱落后，形成残存的颜料胶与底层铅白混合的情况，也会产生上述变化，从而表现为明显的褪变色。

 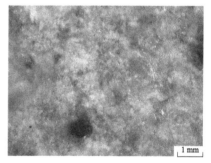

图 4-23　宝纶阁氯铜矿二色显微拉曼　　图 4-24　常温常湿与二氧化硫反应后氯铜矿二色
视频照片（10×）（文后附彩图）　　　　显微拉曼视频照片（10×）（文后附彩图）

六、其他情况

在进行实验分析检测时发现，颜料胶和木材的结合程度从外到内呈现由低到高的趋势。外部颜料层含胶少、颜料颗粒多，是胶和颜料的混合层。随着含胶量的增加、颜料颗粒的减少，到最底层与木材结合的胶内含有的颜料颗粒最少，但却成为致密的胶膜，与木材结合得最为紧密，如图4-25所示。

图 4-25 石绿模拟样显微拉曼视频照片（10×）（文后附彩图）

因此，在颜料层内胶缓慢老化的过程中，富含颜料但结合相对不紧密的外部胶料易先脱离，造成颜料层内大量颜料颗粒的损失，而与木材结合紧密的内部胶膜则易保存下来，保留了少量的颜料颗粒。所以，胶的逐步老化脱落也能使颜料层内显色的颜料颗粒逐步减少，导致颜料层的褪色。图 4-26 是群青在常温常湿与二氧化硫反应模拟实验后，表面的胶膜被破坏、颜料层脱落的情形，与图 4-27 徐大宗祠白色颜料层现有状况极为相似。

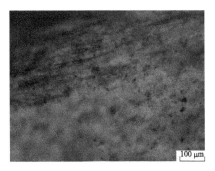

图 4-26 常温常湿与二氧化硫反应后群青显微　图 4-27 徐大宗祠白色颜料层显微照片
拉曼视频照片（10×）（文后附彩图）　　（100×，暗场）（文后附彩图）

从无地仗彩绘制作工艺中蓝绿系颜料与胶料的配比可知，蓝绿系颜料胶相对红黄颜料胶的含胶量偏少，这使得蓝绿系颜料更易于脱落。

由于颜料层内的颜料颗粒已大部分脱落，残余的颜料颗粒会被与木材结合紧密并逐渐老化的黄褐色胶包裹或大部分覆盖，导致现有颜料层主要由黄褐色胶组成，改变了原有色彩。图 4-28 徐大宗祠 11 号（原应为绿色）的拉曼视频显微镜 (50×) 照片，现颜料层内只残存了极少量的绿色颜料颗粒，经显微拉曼光谱分析（图 4-29）为石绿，但现外观主体显现为褐色。

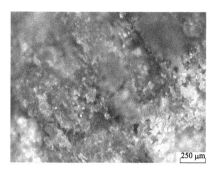

图 4-28　徐大宗祠 11 号显微拉曼视频照片（50×）（文后附彩图）

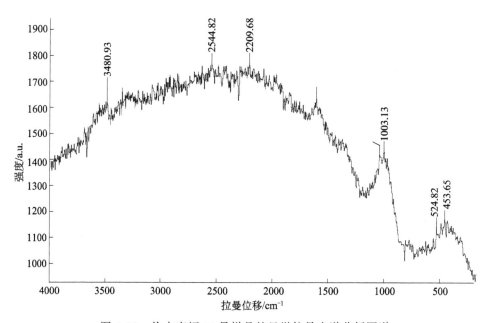

图 4-29　徐大宗祠 11 号样品的显微拉曼光谱分析图谱

此外，由于黄色与蓝色的混合为绿色，因此局部蓝色颜料如加上老化发黄的胶等，在外观上可能会被误认为原先系绿色颜料绘制，如宝纶阁穿枋上显示为暗绿色的花瓣（图 4-30、图 4-31）。

通过与实际情况的一系列比对，可充分说明无地仗彩绘红黄系颜料层褪变色的主要原因是江苏高温高湿环境下的光照；蓝绿系颜料层褪变色的主要原因是江苏高温高湿环境下主要气体污染物二氧化硫的影响，光照是次要因素，也起到一定的作用。污染气体和光照二者的结合作用会加剧蓝绿系颜料层的褪变色，所以蓝绿系颜料层的褪变色程度远高于红黄系颜料层，这也与无地仗彩绘颜料层褪变色的实际情况相吻合。

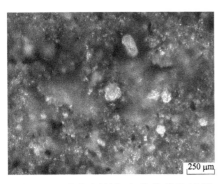

图 4-30 蓝色颜料加上发黄的胶显微拉曼视频照片（50×）（文后附彩图）

图 4-31 花瓣处蓝色加上发黄的胶显示为绿色（文后附彩图）

　　总体来说，江苏省大部分无地仗建筑彩绘的颜料层在特有的高温高湿、光照充分的环境下都会出现相对明显的褪变色现象。

　　二色颜料是相对原色浅一个色阶的颜色，所以颜料层内胶出现的黄化现象对色彩的影响会表现得更加突出。同时，在污染气体的作用下，含铜颜料与铅白混合后会使原有颜料的稳定性下降，铅白的水解会促进含铜颜料的进一步变化，因此更易使颜料脱落和颜料层发生性质改变，所以二色颜料中含铜颜料层的褪变色是无地仗彩绘中最为迅速的。

　　值得讨论的是，无地仗彩绘中石绿和氯铜矿同时存在。理论上石青可转变为石绿，石绿在一定条件下会转变为氯铜矿，实验的老化过程中也发现了羟氯铜矿的存在，而旧木材中往往又有丰富的氯离子，因此氯铜矿是否有可能会由石绿、石青颜料转变而来，需进一步的研究探讨。

　　同时，模拟实验后含铜颜料与含铅颜料的颜料层中胶的老化或黄化现象相对明显，尤其在二色的含铜蓝绿颜料层中表现得极为突出。铜、铅金属离子是否易与骨胶等动物胶含有的活泼基团，如侧链基团羧基、肽链上的羰基等发生相互作用，从而使得颜料层内胶料的老化或黄化现象更易发生，也需进一步研究探讨。

第五章 保 护 对 策

第一节 褪变色病害的评估标准

针对江苏地区古建筑无地仗彩绘褪变色病害的表观情况，首先需制定褪变色病害程度判断的参考标准。对无地仗彩绘褪变色病害进行评估，能够从机制上提倡预防保护理念，增强忧患意识，加强对古建筑彩绘保存环境的监察管理。

褪变色病害评估分级标准可以评估褪变色病害发生危害的轻重、病害造成的损失程度大小，也可适用于病害消长及发生规律的研究。褪变色病害评估是一个极为复杂的问题。在影响病害的因素中，有些表面现象需进行科学分析检测才能进行定量考核，确定判别标准和对彩绘整体的影响程度，而这些因素又往往可能起着决定作用。此外，一些不可预计的人为因素也可能会造成不良的影响。

因此，把病害严重度和影响观赏程度等相结合，用综合评估的数值表示病害的程度，可以为准确地评价褪变色病害程度，及时采取相应的预防、维修、保护措施提供科学依据。

评估分级标准主要内容和方法如下。

病害的表观特征符号：①褪变色用 i 表示；②彩绘变化表面积用 j 表示；③影响观赏程度（古建筑彩绘的品相）用 k 表示。

按表观程度的分级标准定义病害系数，见表 5-1。

表 5-1 褪变色病害评估标准术语说明表

病害程度	完好 $i=0$	病害轻度 $i=1$	病害中度 $i=2$	病害重度 $i=3$	病害濒危 $i=4$
彩绘变化的表面积	完好 $j=0$	变化轻度（10%以下） $j=1$	变化中度（10%～50%） $j=2$	变化重度（50%～80%） $j=3$	濒危（80%以上） $j=4$
影响观赏或识读程度	完好 $k=0$	影响轻度 $k=1$	影响中度 $k=2$	影响重度 $k=3$	影响濒危(无法辨识) $k=4$

然后利用公式 $f(X) = \sum X^X$（i＝1，2，3，4；j＝1，2，3，4；k＝1，2，3，4），$X = i, j, k$，若 $X = 0$，则取 $X^X = 0$。

计算综合评估的数值，见表5-2。

表 5-2　褪变色病害评估标准计算表

$f(X)$ 值	≥258	29～258	6～29	1～6	0
综合评估	濒危	重度	中度	微损	基本完好

依据表5-2可对江苏地区古建筑无地仗彩绘受褪变色病害影响进行分级，评估彩绘褪变色病害现存状况的五个等级如下：①基本完好——古建筑彩绘的受病害影响可忽略；②微损——古建筑彩绘的受褪变色病害影响在10％以下；③中度——古建筑彩绘的受褪变色病害影响在10％以上50％以下；④重度——古建筑彩绘的受褪变色病害影响在50％以上80％以下；⑤濒危——古建筑彩绘的受褪变色病害影响在80％以上。

在无地仗受褪变色病害分类定级的基础上，对不同等级的彩绘应采取不同的保护做法：①对濒危等级的彩绘，应立即开展损失调查，全面深入了解损失情况，及时采取有效的保护对策，实行抢救性保护；②为处在中度和重度等级的无地仗彩绘制定中长期保护规划，分重点、分批次进行保护，力争在一个中长期的时间段内，基本解决保护问题；③对基本完好和微损等级的无地仗彩绘应树立环境保护理念和科学养护理念，避免和减缓各种自然与人为环境因素对古建筑彩绘的进一步破坏影响，并辅以全方位、长期性、连续性的观测与记录，达到逐步地、全面地保护和改善保存环境质量，尽可能长久保存的目的。

第二节　保护材料的选择

从实际情况分析可知，无地仗建筑彩绘颜料层褪变色最主要的原因是颜料成分的改变和胶黏剂的老化变性，导致了无地仗建筑彩绘颜料层的褪变色和损坏。在对木材上彩绘进行加固时，沿用原来的黏合剂系统是较为适宜的，可避免使用过高浓度的胶日后造成新的张力及后期损害。

传统的保护材料对彩绘颜料无损伤和腐蚀，但胶矾水等胶接强度不够理想，强度有限；桐油等干性油干燥慢，初黏力差，会使彩绘变暗并带有光泽；还容易受到霉菌、真菌等的侵害。

木构件上直接绘制的彩绘由于无地仗层的衬托，强度较差，颜料容易脱落。彩绘本身不可加热、加压，质地轻软而疏松，所以在常温下不须加温、加压的保护材料是重要的选择之一，同时保护材料本身与彩绘颜料层不可交叉相互影响。

同时，保护材料还需要满足以下要求：①护后彩绘颜料层的色彩基本无改变；②加固处理后，彩绘的表面无反光膜；③必须有较好的渗透性和较强的联结力；④能消除彩绘表面微小毛糙和开裂现象。

从分析测试可知，无地仗建筑彩绘主要调入骨胶进行绘画，所以加固材料应倾向于选择骨胶或与之性质相近的动物胶。

有机溶剂与旧木料接触，木料的表面会发黑。这是由于木材中有许多有机物，如有机酸、酯和木质素等，长时间暴露在空气中，由于氧化、分解等化学反应的发生，这些有机物部分发生碳化，在有机溶剂的作用下，随着有机物的溶出，倍半萜类、萜醇类、酯类等会一同溢出，致使木材表面出现发黑，从而影响到无地仗建筑彩绘的色泽。

本着从传统天然保护材料中选择，沿用原来的黏合剂系统及"最小干预"等原则，选择脱色明胶与水溶性壳聚糖为主体的保护材料，能够符合文物保护的要求。

此保护材料以脱色明胶与水溶性壳聚糖为主体，复配了紫外线吸收剂、杀菌防腐剂作为加固材料，以有机硅材料（派力克）作为封护材料[173]。

复配材料中的紫外线吸收剂是水溶性紫外线吸收剂 BP-4（别名 UV-284），化学名 2-羟基 -4-甲氧基 -5-磺酸二苯酮。加入此紫外线吸收剂的保护材料，可以防止红黄色颜料由于光照的作用产生进一步褪变色，也可以避免颜料层中胶料因光照作用导致黏结性能的进一步降低。

使用的水溶性杀菌防腐剂 PTA，为广谱杀菌防腐剂，有效成分为 1，2-苯并异噻唑啉 -3-酮（BIT）。对细菌、霉菌、酵母菌和藻类具有极强的杀灭抑制作用，有长效杀菌力，基本无毒，热稳定性好。

封护材料派力克，能有效防水，从而可避免主要污染气体二氧化硫与高湿度结合后，对蓝绿色颜料（特别是蓝绿二色颜料）的影响，避免其进一步发生褪变色。

此外，派力克老化的最终产物为 SiO_2，对彩绘颜料层无影响，不影响再次保护处理，符合可再处理原则，是目前较为理想的封护材料。同时，按材料复合理论，防护材料与加固后彩绘的界面性能直接影响其加固效果，而有机硅树脂由于其表面能低，附着力明显低于加固材料，所以不会因失效给无地仗建筑彩绘文物本身及再保护造成影响。

第三节　保护材料的检验

一、实验检测

（一）附着力检测

附着力产生于复配配方与被涂表面极性基的相互吸引力，而这种极性基的相互吸引力取决于复配配方对被涂表面的润湿能力，这又取决于复配配方的表面张力。据观察，复配配方具有足够低的表面张力，可以在模拟样上自发地展布，可以产生较高的附着力。

参照《色漆和清漆　漆膜的划格试验》（GB/T 9286—1988），采用胶带试验法检测：将模拟样品三块按划格法划成间隔 1 mm 的方格后，用胶黏带粘贴在表面上，再用匀速撕下胶带来评定脱落的程度，测定附着力。

评定标准分为 5 级：0 级为完整，没有一个方格脱落；1 级为切割交叉处涂层脱落小于 5%；2 级为切割交叉处涂层脱落 5%～15%；3 级为切割交叉处涂层脱落 15%～35%；4 级为切割交叉处涂层脱落 35%～65%；5 级为切割交叉处涂层脱落 65% 以上。

用上述方法检测经过处理的样品，基本无脱落情况发生，个别有交叉处涂层轻微脱落，综合评估脱落小于 5%，依评定标准所以保护后样品的附着力都可以达到 1 级。

（二）热老化、光老化实验检测

热老化实验：根据高分子材料的时温等效原理，对旧杉木、松木上使用保护材料保护后的彩绘字（以传统方法配兑的颜色胶书写）进行高温热老化，热老化温度设定为 80℃，持续 72 h，观察无变化。

在热老化后进行光老化实验：放置室外走廊，保持阳光下照射约 400 h（持续约六个月），经观察未发生变化。

光、热老化后木材颜色发黄，但以保护材料处理的彩绘字未见有改变，无脱落、斑驳、酥粉现象出现，如图 5-1、图 5-2 所示。

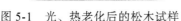

图 5-1　光、热老化后的松木试样　　图 5-2　光、热老化后的杉木试样

在热老化、光老化实验的基础上，对模拟样与施有保护材料的样品再进行高温高湿紫外光的老化实验比对，三个周期（648 h）后检验保护材料的性能。结果表明，保护材料可达到有效保护的目的，样品在实验后未有明显的变化发生。

（三）抗霉菌腐蚀实验

将样品一半用复合型保护材料处理，另一半未处理放置于 86% 相对湿度（用 KCl 过饱和溶液控制湿度）、25±5℃条件下的干燥塔中。放置两个月后，以保护材料处理的部分无霉斑出现，见图 5-3。

图 5-3　抗霉菌实验样品（左侧为未加保护材料的空白样）（文后附彩图）

（四）渗透性实验

为测定保护材料的渗透性能，用水、丙酮、三氯乙烷等溶液，分别在处理和未处理的模拟试样上滴 2 ～ 3 滴溶液。

发现未处理的试样，滴上以后溶液即扩散、渗透；经封护的试样，水滴上后未见扩散，呈珠状停留在样品上；其他几种有机溶剂滴在试样上可以透过。该试验说明：使用保护材料后水分无法进入，可以防止水汽的侵蚀；同时具有较好的透气性，不会阻止木材自身呼吸以排除水分。

（五）耐酸碱实验

为检验保护后的耐酸、碱性，将模拟样品一半以保护材料处理，另一半不做任何处理，分别进行耐酸（30％HCl）、耐碱（30％NaOH）试验。为使实验避免颜料与酸、碱溶液发生反应而使结果有偏差，选择耐酸碱的土红模拟样品进行检验。用滴管分别吸取约30％HCl（约5 ml）滴于模拟样品的左上角和右上角，30％NaOH（约5 ml）滴于左下角和右下角。

在120 min之后，发现未经处理的已开始扩散、局部出现溶解；而经过保护材料处理的部分，酸、碱溶液仍然呈珠状停留在样品上，基本无变化。24 h后，未处理处已发生较大改变，酸液处溶解后发白，出现大面积受损；碱液处在大面积受损的同时，扩散边缘颜色变化较大。而经处理的试样只出现小孔洞状痕迹（图5-4）。

图5-4　耐酸、碱实验模拟样品（24 h后）（文后附彩图）

二、分析检测

（一）色差分析

采用PANTONE Color Cue TX色度仪，测定使用保护材料保护后模拟样品的色差变化（图5-5），分析结果汇总为表5-3。

图 5-5　保护前后模拟样品对比照片（文后附彩图）

表 5-3　保护后与保护后再老化色差对比表

编号	保护后				保护后再老化			
	ΔL	Δa	Δb	ΔE	ΔL	Δa	Δb	ΔE
1	0.9	0.3	-0.2	0.9	0.2	-0.8	0.7	1.1
2	-4.2	-1.7	1.5	4.7	-4.0	-0.8	0.7	4.5
3	2.3	-0.2	0.1	2.3	2.7	-0.7	0.2	2.7
4	-0.9	0.8	-1.4	1.8	0.0	-0.1	-0.7	0.7
5	1.0	-0.1	0.1	1.0	1.6	-0.1	0.1	1.6
6	-0.2	0.3	1.2	1.3	-0.2	-0.2	-0.3	0.5
7	2.1	-0.7	-1.3	2.6	2.6	-0.8	-0.4	2.7
8	-2.5	-0.2	2.6	3.6	-1.9	-0.8	3.3	3.9
9	-1.4	1.9	0.7	2.5	-1.1	1.7	0.2	2.0
10	-0.9	0.0	0.9	1.4	-1.8	0.0	2.9	3.5
11	1.3	-0.4	1.4	1.9	-1.8	1.2	-1.1	2.5
12	2.3	-0.8	0.6	2.5	2.2	-0.4	0.2	2.3
13	-3.2	1.0	0.0	3.4	-2.6	1.7	0.9	3.2
14	-0.4	0.8	0.5	1.0	0.9	-0.4	1.1	1.6
15	-3.9	-2.2	1.6	4.8	-2.3	-0.8	1.2	2.7
16	-0.3	-0.7	0.8	1.1	0.0	-1.0	0.6	1.2
17	-4.4	-0.1	-0.8	4.5	-2.9	-0.8	1.0	3.2
18	0.7	-2.6	-2.3	3.6	0.1	-2.2	-2.6	3.5
19	-3.0	1.1	0.9	3.4	-3.5	1.2	0.4	3.8
20	-2.3	0.1	0.0	2.3	-2.9	-0.3	0.0	2.9

　　色差分析证明：经过保护处理的样品其色度大部分未发生明显变化（图 5-5），基本属于可接受的范围内，处理过的样品在视觉上比未处理样品颜色要鲜艳一些。保护后再老化的样品色差未有明显改变，有些在明度上相对保护后样品有所提高，而使色差变小。

（二）视频显微镜分析

通过视频显微镜下放大 100× 的照片可以看出，彩绘保护处理后表面十分光滑，未出现任何毛糙和断裂现象，而未处理表面则有一些小颗粒状的凸起和明显的开裂现象（图 5-6、图 5-7）。

比较处理样品和未处理样品可知，保护前后表面的微小毛糙和开裂现象，在保护后已基本不见（图 5-8、图 5-9）。毛糙现象是由老化造成的表面损坏，以及一些微量污染物的成分附着在其表面而造成的。

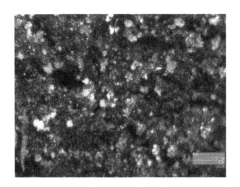 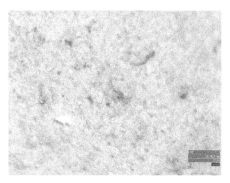

图 5-6　未处理样品（彩绘残件）视频显微　　图 5-7　未处理样品（石黄模拟老化样）视频
　　　　照片（250×）（文后附彩图）　　　　　　　显微照片（250×）（文后附彩图）

 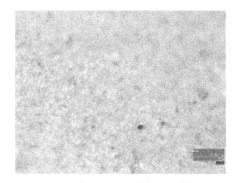

图 5-8　处理样品（彩绘残件）视频显微　　　图 5-9　处理样品（石黄模拟老化样）视频
　　　　照片（250×）（文后附彩图）　　　　　　　显微照片（250×）（文后附彩图）

对老化后的保护处理样品再进行了三个周期（648 h）的高温高湿紫外光模拟老化实验，与老化后的保护处理样品进行部分对比，如图 5-10 ～图 5-15 所示。

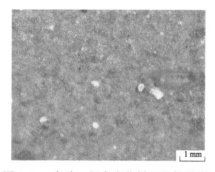

图 5-10　朱砂＋铅白老化样显微拉曼视　图 5-11　朱砂＋铅白老化后保护样显微拉曼视

频照片（10×）（文后附彩图）　　　　频照片（10×）（文后附彩图）

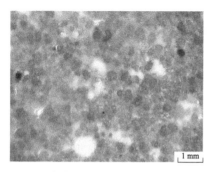

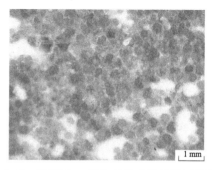

图 5-12　氯铜矿＋铅白老化样显微拉曼　图 5-13　氯铜矿＋铅白老化后保护样显微拉

视频照片（10×）（文后附彩图）　　曼视频照片（10×）（文后附彩图）

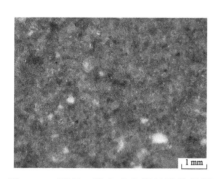

图 5-14　石青＋铅白老化样显微拉曼视　图 5-15　石青＋铅白老化后保护样显微拉曼

频照片（10×）（文后附彩图）　　　视频照片（10×）（文后附彩图）

（三）XRD 与 XRF 分析

为准确测定使用保护材料后对颜料层是否有改变和影响，尤其是颜料层中颜料的影响，先对模拟样品保护前后进行了 XRD、XRF 分析，分析结果未见成分变化。

　　然后对高温高湿紫外光模拟实验老化后（648 h）的样品进行保护处理，其后再进行高温高湿紫外光实验三个周期（648 h），利用 XRD、XRF 分析检测了成分变化。结果表明，进行保护处理后成分未发生改变，详细分析结果参见附录 B、附录 C。

（四）FT-IR 分析

　　通过 FT-IR 分析比较花青和花青＋铅白保护前后的红外光谱，以此来了解保护材料对其中有机颜料花青的影响与作用。

　　结果显示（图 5-16 ～图 5-19），保护材料与植物颜料花青等没有交叉相互影响，未使颜料层的性质发生改变和产生明显的变化。

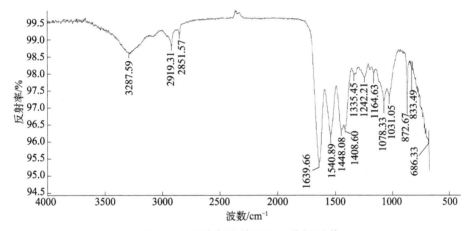

图 5-16　花青保护前 FT-IR 分析图谱

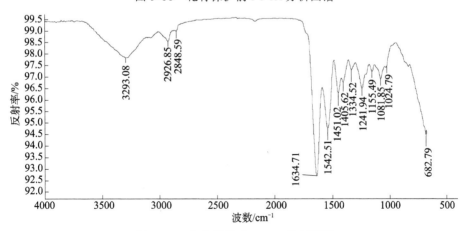

图 5-17　花青保护后 FT-IR 分析图谱

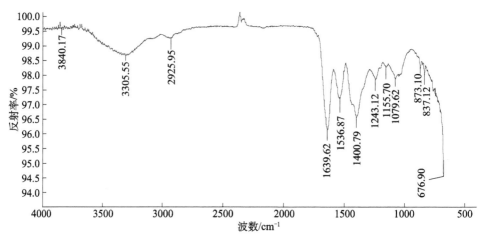

图 5-18　花青 + 铅白保护前（老化样）FT-IR 分析图谱

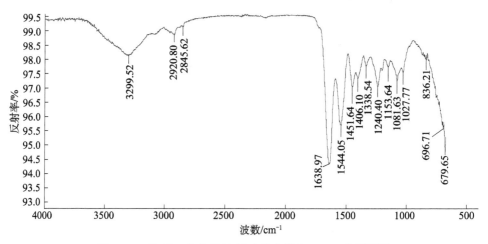

图 5-19　花青 + 铅白保护后（老化样）FT-IR 分析图谱

三、保护材料的应用

在对赵用贤宅无地仗建筑彩绘的保护实践中，进行了保护材料的相关小试实验及保护材料的实际应用。

赵用贤宅是典型江苏地区的明代官僚宅第，是无地仗建筑彩绘的重要遗物，现为国家级文物保护单位。因年代久远，加上中华人民共和国成立后一直作为普通民居使用，赵用贤宅无地仗彩绘不仅自然损坏较为严重，而且人为污染，特别是油烟污染现象十分严重。其彩绘表面有不同程度的积尘和污物层，已出现大面积褪变色，甚至有些彩绘已无法辨识，彩绘的保护工作难度极大。

具体保护过程和使用材料如表 5-4 所示。

表 5-4 彩绘保护过程表

步骤	流程	使用材料	备注
1	清洗	中性表面活性剂 OP-10（烷基酚聚氧乙烯醚）、2％氯胺 -T	吸附类软体材料
2	加固	3％脱色明胶、0.1％壳聚糖	0.03％～ 0.05％PTA、0.1％ BP-4 为添加剂
3	封护	改性溶剂型有机硅	—

加固方式一般采用雾化喷涂，对于深层加固借助于注射、滴渗等方式，使扩散后的溶液在纵深方向上的加固得以实现。由于表面质地松软，不可加压，为此在加固液已经完全浸入彩绘层时（喷涂滴渗 20 ～ 30 min 后），再实行微孔注射使深层加固这一难点得到改善。

经保护前后的观察和相关测试：①彩绘保护后色彩基本无改变，表面无反光膜；②加固剂有较好的渗透性和较强的联结力；③封护后有防水汽、耐酸碱侵蚀及较强的防微生物性能；④保护后有良好的耐光热老化性能，可防静电灰尘吸附（抗污染）。

在赵用贤宅无地仗建筑彩绘的保护中解决了以往使用现代高分子保护材料加固极易将木材中的油溶性成分带出，残留在彩绘层的表面导致彩绘色泽发黑，失去原有色彩的困难。在彩绘层机械性能、防水、抗霉菌、耐光老化等性能均有较大提高的同时，采用有机硅材料封护，将不利因素降低到了最低程度。保护后既符合文物保护中"可再处理""不改变原状"和"最小干预"的原则，又能防止无地仗建筑彩绘进一步发生褪变色，以及避免污染物的侵蚀，在不影响彩绘层透气性的同时，保护了彩绘颜料层，并有效延长了其寿命。以下为赵用贤宅无地仗建筑彩绘保护前后的部分对比照片（图 5-20 ～图 5-23）。

由于文物具有不可再生的特性，无地仗建筑彩绘保护材料应用于实际保护工作时，要在提高其综合性能的前提下，尽可能做到不影响彩绘本体，最大限度地保留其外在特征和材料特性，保持其历史原貌。

图 5-20　五架梁保护前

图 5-21　穿枋保护前

图 5-22　五架梁保护五年后

图 5-23　穿枋保护五年后

通过一系列的分析检测结果，结合赵用贤宅无地仗建筑彩绘的实际保护工作，证明所选择的保护材料能够对无地仗建筑彩绘起到有效延缓褪变色发生的作用。

在持续跟踪研究之后，该材料被证明可以延缓无地仗建筑彩绘颜料层的褪变色，并有部分恢复彩绘色彩的效果，妥善保护了彩绘颜料层的原貌，未对无地仗建筑彩绘造成不良影响，完全符合文物保护的要求。

第四节　结　　论

本书通过实地调查、科学实验等途径对江苏地区的无地仗建筑彩绘进行了全面系统研究，不仅完善补充了无地仗建筑彩绘的颜料谱系和制作工艺，还明确了彩绘褪变色的主要原因。在褪变色机理等方面有了进一步的认识，为无地仗建筑彩绘现有色彩保存状况的不同提供了理论解释。对彩绘中广泛使用的二色颜料的褪变色研究，填补了此方面研究的空白。在此基础上，结合实际应用，对江苏无地仗建筑彩绘的科学保护提出了对策与建议。

在传统观念里，江苏无地仗建筑彩绘素来以色彩清新、淡雅著称。然而研究显示，江苏无地仗建筑彩绘使用的颜料种类繁多，几乎涵盖了中国古代绘画常用的所有颜料。植物颜料花青、绿色颜料氯铜矿广泛应用于彩绘之中，同时为寻求丰富的色彩变化，不仅以铅白调兑红蓝绿颜料成二色颜料作为晕色或间色，还使用朱砂与土红、朱砂与铅丹等混合颜料。由于现存红黄系颜料在外观上比蓝绿系颜料容易识别，加上二色颜料的严重褪变色使建筑彩绘的整体色彩产生了较大变化，无法体现原有五彩斑斓之艺术效果。

红黄系颜料褪变色的主要条件是高温高湿环境下光照的持续作用，实际褪变色程度较小；而蓝绿系颜料在高温高湿环境下受二氧化硫影响发生褪变色。另外，二氧化硫与光照的结合作用也会加剧蓝绿系颜料层内颜料的褪变色和胶料的破坏，从而使蓝绿系颜料褪变色的现象相对明显。

作为建筑彩绘中色彩过渡和增强层次的二色颜料，褪变色程度往往比单色颜料和混合颜料更为严重，尤其是蓝绿色的二色颜料。高温高湿和光照是二色颜料颜色改变的最主要因素，其综合作用不仅使颜料层内胶料老化，而且高湿和光照还会促使颜料中铅白发生改变。空气中的二氧化硫与二色颜料的褪变色也密切相关，铅白与含铜蓝绿颜料的混合不仅破坏了颜料的稳定性，并且在有二氧化硫的环境下更易发生性质改变和颜料层的脱落。另外，二色颜料层本身的色阶就比原色浅，胶老化后出现的黄化现象会更加突出。所以，彩绘内二色颜料的保存状况不容乐观。

今后保护工作中应慎重辨别现有无地仗建筑彩绘内的黑褐色，避免与褪变色的蓝绿颜料和二色颜料混淆。同时，在复原保护时，不以铅白作为彩绘中打底和调兑二色颜料的材料。为更好地保护江苏无地仗建筑彩绘，本书选择了以脱色明胶和壳聚糖为主体复配的保护材料，经实际应用和科学分析检测，证明可以在不改变文物原貌的前提下，延缓无地仗彩绘颜料层的褪变色，实现有效保护。上述研究成果为选择推广保护材料和方法提供了理论依据，为后续的保护工作奠定了基础。

江苏省环境具有高温高湿、日照充分的特点，大气内二氧化硫一度是主要污染气体，都易导致无地仗建筑彩绘褪变色的发生。为此，建议通过做好建筑周围的绿化工作，禁止在建筑内外焚香点烛和使用燃煤设备，在阳光强烈时间段不对外开放，配置控制设备保持建筑内温湿度的恒定等措施，来尽量避免或减小高温高湿、强烈光照、二氧化硫等环境因素造成彩绘颜料层进一步褪变色。

江苏省无地仗建筑彩绘褪变色研究的完成，不仅为古建筑无地仗彩绘的保护修复提供了依据，也将对传统建筑彩绘工艺的传承有所助益。本书研究对我国其他地区的古建筑无地仗彩绘的保护，尤其是与江苏省环境类似的南方地区，亦颇具参考价值。

参 考 文 献

［1］江南古建彩画技术及传统工艺科学化课题组．江南古代建筑油饰彩画保护技术及传统工艺科学化研究［R］．南京：南京博物院，2008：27.

［2］中国大百科全书总编辑委员会美术编辑委员会．中国大百科全书·美术Ⅰ［M］．北京：中国大百科全书出版社，1994：109.

［3］吴山．中国工艺美术大词典［M］．南京：江苏美术出版社，1988：566.

［4］金琳．雕梁画栋——中华古建筑装饰艺术探析［J］．同济大学学报（社会科学版），1999，（1）：15-20.

［5］顿贺，程雯慧．中国古代船舶的彩绘装饰与审美艺术［J］．武汉船舶职业技术学院学报，2004，（2）：49-51.

［6］林徽因．林徽因建筑文萃［M］．上海：上海三联书店，2006：205-206.

［7］戴琦，赵长武，孙立三，等．中国古建筑中的彩画文化内涵浅析［J］．辽宁建材，2005，（5）：32-33.

［8］徐振江．唐代彩画及宋营造法式彩画制度［J］．古建园林技术，1994，（1）：41.

［9］吴葱．旋子彩画探源［J］．古建园林技术，2000，（4）：33-36.

［10］吴梅．中国古代建筑柱子装饰之历史演变［J］．南方建筑，2003，（1）：86.

［11］吴为．中国传统建筑装饰［J］．装饰，1999，（3）：55.

［12］十三经注疏整理委员会．十三经注疏·论语注疏［M］．北京：北京大学出版社，1999：63.

［13］陈莉．礼记（精选本）［M］．北京：高等教育出版社，2008：65.

［14］陈宏天．昭明文选译注［M］．长春：吉林文史出版社，2007：18.

［15］班固．汉书［M］．北京：中华书局，1962：3681.

［16］葛洪．西京杂记全译［M］．成林，程章灿译注．贵阳：贵州人民出版社，1993：126.

［17］杨衒之．洛阳伽蓝记校释今译［M］．周振甫释译．北京：学苑出版社，2001：44.

［18］范晔．后汉书［M］．北京：中华书局出版社，1965：1182.

［19］徐振江．唐代彩画及宋营造法式彩画制度［J］．古建园林技术，1994，（1）：40.

［20］杨红．建筑彩画的韵味——中国建筑彩画文化内涵［J］．北京文博，2004，（1）：45.

［21］张宣谋．油漆起源何地何时［J］．发明与革新，1995，（1）：38．

［22］陈盾．中国上古胶粘剂及应用［J］．中国科技史料，2003，（4）：359-365．

［23］曾国爱．动物胶简史［J］．明胶科学与技术，1995，（2）：97．

［24］郎惠云，谢志海，徐晓猛．我国古代颜料初探［J］．文博，1994，（3）：76．

［25］尹继才．矿物颜料［J］．中国地质，2000，（5）：45．

［26］龚建培．中国传统矿物颜料、染色方法及应用前景初探［J］．南京艺术学院学报，2003，（4）：80．

［27］罗军．我国古代的染料化学［J］．化学教学，1996，（1）：12．

［28］徐振江．唐代彩画及宋营造法式彩画制度［J］．古建园林技术，1994，（1）：42．

［29］陈岚．中国古建筑中的彩画艺术［J］．建筑知识，2002，（6）：15．

［30］张海萍，常学丽．浅谈我国古建筑的彩绘艺术［J］．文史月刊，2006，（9）：61．

［31］杨红．建筑彩画的韵味——中国建筑彩画文化内涵［J］．北京文博，2004，（1）：47．

［32］伊东忠太．中国古建筑装饰（上、中、下）［M］．刘云俊，张晔译．北京：中国建筑工业出版社，2006：1-3．

［33］梁思成．《营造法式》注释［M］//梁思成．梁思成全集．第7卷．北京：中国建筑工业出版社，2001：266．

［34］马瑞田．中国古建彩画［M］．北京：文物出版社，1996：15-37．

［35］马瑞田．中国古建彩画艺术［M］．北京：中国大百科全书出版社，2002：2-5．

［36］孙大章．中国古代建筑彩画［M］．北京：中国建筑工业出版社，2006：39-68．

［37］何俊寿，王仲杰．中国建筑彩画图集（修订版）［M］．天津：天津大学出版社，2006：1-6．

［38］赵双成．中国建筑彩画图案［M］．天津：天津大学出版社，2006：3-5．

［39］北京市园林局修建处．北京公园古建筑油漆彩画工艺木工瓦工修缮手册［M］．北京：北京市园林局修建处，1973：2-9．

［40］赵立德，赵梦文．清代古建筑油漆作工艺［M］．北京：中国建筑工业出版社，1999：1-3．

［41］王效清．油饰彩画作工艺［M］．北京：北京燕山出版社，2004：4-7．

［42］蒋广全．中国清代官式建筑彩画技术［M］．北京：中国建筑工业出版社，2005：2-6．

［43］边精一．中国古建筑油漆彩画［M］．北京：中国建筑工业出版社，2007：1-5．

［44］胡石．江南地区油饰彩画传统工艺科学化初步研究：内部资料［R］．南京：东南大学，2007：33-36．

［45］苏鉴．江苏年鉴．http：//www.jssdfz.com/index.php?m=content&c=index&a=show&catid=9&id=3［2014-01-21］.

［46］朱逸宁，王东．从《吴都赋》解读六朝初期南京的城市文化气象［J］．南通大学学报（社会科学版），2012，（1）：33.

［47］张朝晖，赵琳．魏晋南北朝建筑木构架装饰研究［J］．室内设计与装修，2006，（1）：86.

［48］吴梅．中国古代建筑柱子装饰之历史演变［J］．南方建筑，2003，（1）：91.

［49］张朝晖，赵琳．魏晋南北朝建筑木构架装饰研究［J］．室内设计与装修，2006，（1）：88.

［50］谭元亨．阴铿："开吾粤风雅之先者"——兼论深化南北朝岭南文化之研究［J］．岭南文史，2001，（3）：7.

［51］吴梅．《营造法式》彩画作制度研究和北宋建筑彩画考察［D］．南京：东南大学博士学位论文，2004：7-8.

［52］陈薇．江南明式彩画构图［J］．古建园林技术，1994，（1）：5.

［53］纪立芳．江南地区建筑彩画工艺与保护研究［D］．南京：东南大学博士学位论文，2011：213-216.

［54］滕延振．论宁海古建筑里的彩绘［J］．早春，2004，（1）：5.

［55］张彦远．历代名画记［M］．俞剑华注释．北京：人民美术出版社，1963：68.

［56］蒋玄佁．中国绘画材料史［M］．上海：上海书画出版社，1984：144.

［57］柴泽俊．明代建筑油饰彩画要点［J］．文物世界，2005，（1）：9-11.

［58］叶心适．欧洲古代壁画材料和技法的发展［J］．考古与文物，1995，（6）：52-59.

［59］苏清海．浅谈金琢墨苏式彩画［J］．石河子科技，2005，（3）：30-31.

［60］蒋广全．苏式彩画（一）［J］．古建园林技术，1997，（2）：15-17.

［61］蒋广全．苏式彩画（二）［J］．古建园林技术，1997，（3）：43.

［62］蒋广全．包袱式苏画纹饰（上）［J］．古建园林技术，1999，（3）：58-62.

［63］蒋广全．包袱式苏画主题纹饰的运用与演变［J］．古建园林技术，2000，（1）：61-64.

［64］蒋广全．包袱式苏画找头部位纹饰［J］．古建园林技术，2000，（2）：62-64.

［65］蒋广全．海墁苏画纹饰［J］．古建园林技术，1998，（3）：52-53.

［66］蒋广全．掐箍头苏式彩画［J］．古建园林技术，2000，（1）：11.

［67］蒋广全．苏式彩画白活的两种绘制技法［J］．古建园林技术，1997，（4）：23-24.

［68］蒋广全．清代中期的墨线海墁锦纹双蝠葫芦团花苏式彩画［J］．古建园林技术，1995，（2）：3-6.

[69] 高成良. 浅谈苏式彩画中聚锦的造型艺术及技法运用 [J]. 古建园林技术，1998，（1）：7.

[70] 诸葛铠. 苏州彩衣堂"包袱锦"彩画的晚明语境 [J]. 苏州工艺美术职业技术学院学报，2005，（4）：39-44.

[71] 王进玉. 敦煌石窟合成群青颜料的研究 [J]. 敦煌研究，2000，（1）：76-81.

[72] 马赞峰，李最雄，苏伯民，等. 偏光显微镜在壁画颜料分析中的应用 [J]. 敦煌研究，2002，（4）：33-37.

[73] 王进玉. 中国古代青金石颜料的电镜分析 [J]. 文物保护与考古科学，1997，（1）：25-32.

[74] Guineau B，张雪莲. 利用现代仪器对颜料和染料进行非破坏性分析 [J]. 文物保护与考古科学，1997，（1）：59-64.

[75] 苏伯民，真贝哲夫，胡之德，等. 克孜尔石窟壁画胶结材料的 HPLC 分析 [J]. 敦煌研究，2005，（4）：57-61.

[76] 苏伯民，张爱民，胡之德，等. 色谱法在古代绘画胶结材料分析中的应用 [J]. 敦煌研究，2001，（1）：82-86.

[77] 何秋菊，王丽琴. 现代仪器分析在彩绘文物胶结物鉴定中的应用研究 [J]. 中国胶粘剂，2007，（3）：19-22.

[78] 王晓琪. FORS 法对文物颜料无损鉴定及监测有害气体环境下颜料变色的研究 [D]. 西安：西北大学硕士学位论文，2002：2.

[79] 胡塔峰，曹军骥，李旭祥，等. 秦始皇兵马俑博物馆室内含硫颗粒物的 SEM-EDX 研究 [J]. 中国科学院研究生院学报，2007，（5）：564-569.

[80] Dik J，Hermens E，Peschar R，et al. Early production recipes for lead antimonite yellow in Italian art [J]. Archaeometry，2005，47（3）：593-607.

[81] Kosinova A. From first aid to fluorite: Identification of a rare purple pigment [J]. Conservation Journal，2002，42（2）：16.

[82] Hayakawa Y. Analysis of the polychromy on the surface of wooden sculptures by portable x-ray fluorescence spectrometer [J]. Hozon Kagaku，2001，40：75-83.

[83] 杮津信明，黒木紀子，井口智子. 顔料鉱物の可視光反射スペクトルに関する基礎的研究 [J]. 保存科学，1999，38：108-123.

[84] Guineau B，Lorblanchet M，Gratuze B，et al. Manganese black pigments in prehistoric paintings: the case of the black frieze of Pech Merle（France）[J]. Archaeometry，2001，43（2）：211-225.

［85］Scott D A，Doughty D H，Donnan C B. Moche wallpainting pigments from La Mina，Jequetepeque，Peru［J］. Studies in Conservation，1998，43（3）：177-182.

［86］Rampazzl L，Campo L，Cariatt F. Prehistoric wall paintings：the case of the domus de janes Necropolis（Sardinia，Italy）［J］. Archaeometry，2007，49（3）：559-569.

［87］Colombin M P，Ceccarini A，Carmignani A. Ion chromatography characterization of polysaccharides in ancient wall paintings［J］. Journal of Chromatography，2002，968（1）：79-88.

［88］Oudemans T. FTIR and solid-state ^{13}C CP/MAS NMR spectroscopy of charred and non-charred solid organic residues preserved in Roman iron age vessels form the Netherlands［J］. Archaeometry，2007，49（3）：571-594.

［89］Ajò D，Casellato U，Fiorin E，et al. Ciro Ferri's frescoes：a study of painting materials and technique by SEM-EDS microscopy，X-ray diffraction，micro FT-IR and photoluminescence spectroscopy［J］. Journal of Cultural Heritage，2004，5（4）：333-348.

［90］Souza A C，Derrick M R. The use of FT-IR spectrometry for the identification and characterization of gesso-glue grounds polychromed and panel paintings［J］. Materials Research Society，1995，33（3）：573-578.

［91］Emmerling E. The polychromy of baroque and rococo sculptures and retables in Germany［J］. DFG Polychromie，1987，32（2）：2.

［92］Bockman W. The virgin and christ child［J］. Canadian Conservation Institute，1989，10：87-91.

［93］Johnson C，Head K，Green L. The conservation of a polychrome Egyptian coffin［J］. Studies in Conservation，1995，40（2）：73-81.

［94］Yamasak K，Nishikawa K. Polychromed sculptures in Japan［J］. Studies in Conservation，1970，15（4）：278-293.

［95］祁英涛. 中国古代建筑的保护与维修［M］. 北京：文物出版社，1986：32-76.

［96］罗哲文. 古建筑维修原则和新材料新技术的应用——兼谈文物建筑保护维修的中国特色问题［J］. 古建园林技术，2007，（3）：29-33.

［97］秦俑彩绘保护技术研究课题组. 秦始皇兵马俑漆底彩绘保护技术研究［J］. 中国生漆，2006，（1）：21-27.

［98］秦始皇兵马俑博物馆. 秦俑彩绘保护技术研究［J］. 中国文化遗产，2004，（3）：31.

[99] 殷建强. 秦兵马俑失色之谜 [J]. 科学与文化, 2005, (10): 12-13.

[100] 吴永琪, 张志军, 周铁, 等. 秦俑表面彩绘涂层的加固保护研究 [J]. 文博, 1994, (3): 72-75.

[101] 王君龙, 郭宝发, 程德润. 秦陵铜车马彩绘保护的最佳湿度研究 [J]. 西北大学学报 (自然科学版), 2000, (5): 450-452.

[102] 王丽琴, 程德润, 刘成. 紫外线对秦俑彩绘危害机制研究 [J]. 考古与文物, 1995, (6): 22-25.

[103] 黄玉金, 赵葆常, 田少文, 等. 光照与彩陶俑表面色变关系的实验研究 [J]. 光子学报, 1997, (2): 178-188.

[104] 王芳, 党高潮, 王丽琴. 文物保护中几种有机聚合物涂料的光降解 [J]. 西北大学学报 (自然科学版), 2005, (5): 565-570.

[105] 赵静, 王丽琴. 高分子彩绘类文物保护涂层材料的性能及应用研究 [J]. 文物保护与考古科学, 2006, (3): 11-17.

[106] 苏伯民, 李茹. 三种加固材料对壁画颜色的影响 [J]. 敦煌研究, 1996, (2): 171-179.

[107] 范宇权, 李最雄, 于宗仁, 等. 修复加固材料对莫高窟壁画颜料颜色的影响 [J]. 敦煌研究, 2002, (4): 45-56.

[108] 樊娟, 贺林. 彬县大佛寺石窟彩绘保护研究 [J]. 敦煌研究, 1996, (1): 140-150.

[109] 郑军. 福建莆田元妙观三清殿及山门彩绘的保护 [J]. 文物保护与考古科学, 2001, (2): 54-57.

[110] 郭宏, 黄槐武, 谢日万, 等. 广西富川百柱庙建筑彩绘的保护修复研究 [J]. 文物保护与考古科学, 2003, (4): 32-37.

[111] 赵兵兵, 陈伯超, 蔡葳蕤. 锦州市广济寺彩绘保护技术的应用研究 [J]. 沈阳建筑大学学报 (自然科学版), 2006, (5): 754-758.

[112] 龚德才, 何伟俊, 张金萍, 等. 无地仗彩绘保护技术研究 [J]. 文物保护与考古科学, 2004, (1): 29-32.

[113] 龚德才, 奚三彩, 张金萍, 等. 常熟彩衣堂彩绘保护研究 [J]. 东南文化, 2001, (10): 80-83.

[114] 李宁民, 马宏林, 周萍, 等. 天水伏羲庙先天殿外檐古建油饰彩画保护修复 [J]. 文博, 2005, (5): 108-112.

[115] 李昭君, 马剑. 光照对古建筑油饰彩画的影响与保护措施研究 [J]. 建筑科学,

2007，（9）：41-43.

[116] 王天鹏，马剑，李昭君. 人工光照对中国古建筑油饰彩画影响的初步研究 [J]. 照明工程学报，2005，（4）：14-19.

[117] 唐玉民，孙儒僴. 敦煌莫高窟壁画颜料变色原因探讨 [J]. 敦煌研究，1988，（3）：18-24.

[118] 吴荣鉴. 敦煌壁画色彩应用与变色原因 [J]. 敦煌研究，2003，（5）：44-50.

[119] 苏伯民，胡之德. 敦煌壁画中混合红色颜料的稳定性研究 [J]. 敦煌研究，1996，（3）：149-162.

[120] 李最雄，Michalski S. 光和湿度对土红、朱砂和铅丹变色的影响 [J]. 敦煌研究，1989，（3）：80-93.

[121] 李最雄. 敦煌壁画中胶结材料老化初探 [J]. 敦煌研究，1990，（3）：69-83.

[122] 张兴盛. 关于魏晋时代壁画色彩褪变原因之探讨 [J]. 敦煌学辑刊，2005，（4）：84-87.

[123] 王东峰. 灰尘对彩绘文物颜色变化情况的初步研究 [J]. 秦陵秦俑研究动态，2003，（4）：32.

[124] 陕西省档案保护研究所. 古建筑彩绘色彩恢复研究课题报告：内部资料 [R]. 西安：陕西师范大学，2005.

[125] Arbizzani R, Casellato U, Fiorin E, et al. Decay makers for the preventative conservation and maintenance of paintings [J]. Journal of Cultural Heritage, 2004, 5（2）：162-182.

[126] Mangiraj V R, Trimbake R S, Swarnkar K K. Conservation of wooden polychrome sculptures：a case study [J]. Conservation of Cultural Property in India, 1997, 30：40-44.

[127] Sánchez M, Río D, Martinetto P, et al. Synthesis and acid resistance of Maya blue pigment [J]. Archaeometry, 2006, 48（1）：115-130.

[128] Chiari G, Burger R, Salazar-Burger L. Treatment of an adobe painted frieze in Cardal, Peru, and its evaluation after 12 years [C]. Terra 2000：8th International Conference on the Study and Conservation of Earthen Architecture. London：James & James, 2000：216-217.

[129] 樋口清治，岡部昌子. 顔料彩色層（胡粉、黄土）の粉状剥落の防止置について [J]. 保存科学，1987, 26：15-21.

[130] Weeks C. The 'Portail de la Mere Dieu' of amiens cathedral：its polychromy and

conservation［J］. Studies in Conservation, 1998, 43（2）: 101-108.

［131］Kühn H. Lead-tin yellow［J］. Studies in Conservation, 1968, 13（1）: 7-33.

［132］Kühn H. Verdigris and copper resinate［J］. Studies in Conservation, 1970, 15（1）: 12-36.

［133］Gettens R J, Feller R L, Chase W T. Vermilion and cinnabar［J］. Studies in Conservation, 1972, 17（2）: 45-69.

［134］Gettens R J, Fitzhugh E W. Azurite and blue verditer［J］. Studies in Conservation, 1966, 11（2）: 54-61.

［135］Gettens R J, Fitzhugh E W, Feller R L. Calcium carbonate whites［J］. Studies in Conservation, 1974, 19（3）: 157-184.

［136］Mills J S, White R. The identification of paint media from the analysis of their sterol composition: a critical view［J］. Studies in Conservation, 1975, 20（4）: 176-182.

［137］中里寿克. 京都寺院障壁画彩色の現状［J］. 保存科学, 1974, 12: 39-48.

［138］見城敏子. にかわの劣化と顔料の変褪色［J］. 保存科学, 1974, 12: 83-94.

［139］見城敏子. 赤色色素の変退色［J］. 保存科学, 1987, 26: 31-34.

［140］朽津信明, 下山進, 野田裕子. 松戸市立博物館蔵の板絵にみる鉛白の変色と再白色化［J］. 保存科学, 1996, 35: 32-39.

［141］朽津信明. 鉛丹の変色に関する鉱物学的考察［J］. 保存科学, 1997, 36: 58-66.

［142］江苏省环境保护厅. 江苏省环境状况公报（2000～2009年）［R］. 南京: 江苏省环境保护厅. http://www.jshb.gov.cn/jshbw/hbzl/ndhjzkgb/［2010-7-10］.

［143］何伟俊, 杨啸秋, 蒋凤瑞, 等. 常熟赵用贤宅无地仗彩绘的保护研究［J］. 文物保护与考古科学, 2007,（1）: 55-60.

［144］姜爱军, 董晓敏. 江苏省近40年温度变化的诊断分析［J］. 气象, 1991,（1）: 34.

［145］张静, 吕军, 项瑛, 等. 江苏省四季变化的分析［J］. 气象科学, 2008,（5）: 568-569.

［146］江苏省气象局. 江苏省气候公报（2004～2009年）［R］. 南京: 江苏省气象局. http://218.94.123.47/xxyk/jcms_files/jcms1/web1/site/col/col84/index.html［2010-07-20］.

［147］王丽琴, 程德润, 刘成. 紫外线对秦俑彩绘危害机制研究［J］. 考古与文物,

1995，（6）：25.

[148]黄秉升. 漆膜颜色表示方法及其测量［J］. 涂料工业，2002，（5）：41.

[149]费小路，刘静，王菊琳. 中国古代彩绘颜料和染料种类及检测方法的研究进展［A］//中国文物保护技术协会，故宫博物院文保科技部. 中国文物保护技术协会第五次学术年会论文集［C］. 北京：科学出版社，2007：308.

[150]苏伯民，胡之德，李最雄. 敦煌壁画中混合红色颜料的稳定性研究［J］. 敦煌研究，1996，（3）：161.

[151]徐宝龙. 赤铁矿的化学合成［J］. 地学前缘，2000，（1）：258.

[152]林治华. 氧化铁颜料性能和应用介绍［J］. 上海涂料，1997，（4）：209.

[153]邹月飞. Fe_2O_3 的化学特性探讨［J］. 磁性材料及器件，1989，（4）：21.

[154]李钢，程永科，黄长高，等. 矿物药雄黄的结构与热稳定性研究［J］. 南京师大学报（自然科学版），2008，（3）：65.

[155]蔡传琦. 浅色铁黄和浅色铁红的光学物理性质［J］. 涂料工业，2006，（7）：61-62.

[156]Wai C M，Liu K T. 铅白的起源——自东方还是西方？［J］. 陈学民，译. 世界科学，1992（8）：54-55.

[157]扬声，贾利珠，张义民. 如何正确使用绘画颜料［J］. 甘肃高师学报，2000，（5）：44.

[158]巩继贤，李辉芹. 我国传统的靛蓝染色工艺［J］. 北京纺织，2005，（5）：27.

[159]榕嘉. 古代靛蓝染色工艺原理分析［J］. 丝绸，1991，（1）：47.

[160]魏国锋，秦颖，王昌燧，等. 天然氧化铜矿与铜制品腐蚀产物区别的探讨［J］. 文物保护与考古科学，2005，（1）：9.

[161]朱和宝，林传易. 几种铜碳酸盐矿物的光吸收谱研究［J］. 矿物学报，1984，（3）：243.

[162]李佳. 外界有害物质对国画颜料的影响［J］. 档案学研究，2005，（5）：43.

[163]陈昌铭，温炎燊，慎义勇，等. 碱式氯化铜的合成与理化特性研究［J］. 饲料工业，2004，（5）：40.

[164]范宇权，陈兴国，李最雄，等. 古代壁画中稀有绿色颜料斜氯铜矿的微区衍射分析［J］. 兰州大学学报（自然科学版），2004，（5）：55.

[165]黄明智，缪进康，袁秀芝. 明胶的水解反应及其产物——水解明胶［J］. 明胶科学与技术，1984，（4）：213.

[166]李最雄. 莫高窟壁画中的红色颜料及其变色机理探讨［J］. 敦煌研究，1992，

（3）：50-51.

［167］七维高科有限公司. 综合优化软件包 1stOpt 使用手册［G］. 北京：七维高科有限公司，2006：1-3.

［168］焦让杰. 关于范特霍夫规则的讨论［J］. 北京林业大学学报，1987，（4）：413.

［169］王普才，吴北婴，章文星. 紫外辐射传输模式计算与实际测量的比较［J］. 大气科学，1999，（3）：360.

［170］王炳忠，姚萍，汤洁. 紫外辐射的测量及其模拟计算研究［C］// 中国气象学会. 首届气象仪器与观测技术交流和研讨会学术论文集. 北京：中国气象监测网络司，中国气象学会秘书处，2001：241.

［171］廖永丰，王五一，张莉，等. 到达中国陆面的生物有效紫外线辐射强度分布［J］. 地理研究，2007，（4）：821.

［172］潘云祥，冯增媛，吴衍荪. 差热分析（DTA）法研究五水硫酸铜的失水过程［J］. 无机化学学报，1988，（3）：105-106.

［173］何伟俊，龚德才，周健林. 古建筑无地仗层彩绘保护材料的研究：内部资料［R］. 南京：江苏省文物局，2006.

附　　录

附录 A　江苏无地仗建筑彩绘取样表

取样地点	序号	样品编号	取样部位	样品颜色	备注
常熟彩衣堂	1	彩1	西五架梁	暗蓝色	表面发暗
	2	彩2	西五架梁	黑蓝色	表面发黑
	3	彩3	西五架梁	褐色	疑为绿色
	4	彩4	西五架梁	绿色	—
	5	彩5	西五架梁	白色	表面发灰
	6	彩6	西五架梁	黑蓝色	表面发灰
	7	彩7	西五架梁	灰色	—
	8	彩8	西五架梁	黄色	—
	9	彩9	西五架梁	金色	—
	10	彩10	西五架梁	银色	—
	11	彩11	西五架梁	黑蓝色	表面发黑
	12	彩12	西五架梁	橘红色	—
	13	彩13	西五架梁	暗红色	—
	14	彩14	西五架梁	烟灰色	表面发暗
	15	彩15	西次间金檩	浅蓝色	—
	16	彩16	西次间金檩	黑蓝色	—
	17	彩17	西次间金檩	褐色	—
	18	彩18	西次间金檩	灰色	—
	19	彩19	西次间金檩	深褐色	表面发暗
	20	彩20	西次间金檩	黑色	—
	21	彩21	西次间金檩	红色	—
	22	彩22	西次间金檩	黄色	—
	23	彩23	西次间金檩	黄褐色	表面发暗
	24	彩24	西次间金檩	褐色	疑为绿色
	25	彩25	西次间金檩	白色	沥粉
	26	彩26	西次间穿枋	绿色	—
	27	彩27	西次间穿枋	红色	—
	28	彩28	西次间穿枋	白色	—
	29	彩29	西次间穿枋	浅红色	表面发灰
	30	彩30	西次间穿枋	暗红色	表面发暗
	31	彩31	西次间穿枋	黑蓝色	表面发黑
	32	彩32	西次间穿枋	浅蓝色	—
	33	彩33	西次间穿枋	黄色	—
	34	彩34	西次间穿枋	深蓝色	表面发黑
	35	彩35	西次间穿枋	黑色	—
	36	彩36	西次间穿枋	黄褐色	表面发暗
	37	彩37	西次间穿枋	金色	—
	38	彩38	西次间穿枋	白色	—
	39	彩39	西次间穿枋	灰色	表面发暗
	40	彩40	西次间穿枋	浅绿色	表面发暗
	41	彩41	西次间穿枋	黄色	表面发暗

续表

取样地点	序号	样品编号	取样部位	样品颜色	备注
常熟彩衣堂（二次取样）	42	彩2-1	东五架梁	绿色	表面发暗
	43	彩2-2	东五架梁	红色	表面发暗
	44	彩2-3	东五架梁	白色	—
	45	彩2-4	东五架梁	红色	
	46	彩2-5	东五架梁	暗红色	表面发黑
	47	彩2-6	东五架梁	黑蓝色	表面发黑
	48	彩2-7	东次间金檩	浅蓝色	表面发暗
	49	彩2-8	东次间金檩	金色	—
	50	彩2-9	东次间金檩	白色	表面发暗
	51	彩2-10	东次间金檩	黑蓝色	表面发黑
	52	彩2-11	东次间金檩	深蓝色	表面发黑
	53	彩2-12	东次间金檩	黄色	表面发灰
	54	彩2-13	东次间穿枋	暗绿色	内含褐色
	55	彩2-14	东次间穿枋	绿色	内含褐色
	56	彩2-15	东次间穿枋	白色	—
	57	彩2-16	东次间穿枋	黑蓝色	表面发黑
	58	彩2-17	东次间穿枋	金色	—
常熟赵用贤宅	59	赵1	东次间脊檩	红色	表面发黑
	60	赵2	东次间脊檩	蓝色	表面发黑
	61	赵3	东次间脊檩	白色	表面发灰
	62	赵4	东次间穿枋	绿色	内含褐色
	63	赵5	东次间穿枋	黑色	表面污染
	64	赵6	东次间穿枋	褐色	表面污染
	65	赵7	明间金檩	黄色	表面污染
	66	赵8	明间金檩	浅红色	表面污染
	67	赵9	明间金檩	金色	表面污染
苏州张氏义庄	68	张氏1	脊檩	深蓝	表面发黑
	69	张氏2	脊檩	褐色	表面污染
	70	张氏3	脊檩	深褐色	表面污染
	71	张氏4	脊檩	白色	表面污染
	72	张氏5	脊檩	绿色	内含褐色
	73	张氏6	脊檩	金色	表面污染
	74	张氏7	脊檩	蓝色	表面发暗

取样地点	序号	样品编号	取样部位	样品颜色	备注
苏州张氏义庄	75	张氏 8	东次间金檩	浅红色	表面污暗
	76	张氏 9	东次间金檩	黄色	表面污染
	77	张氏 10	东次间金檩	红色	表面发暗
	78	张氏 11	东次间金檩	黑色	表面发黑
	79	张氏 12	东次间金檩	白色	表面污染
	80	张氏 13	东次间金檩	褐色	表面污染
苏州翠绣堂	81	翠 1	西次间脊檩	红色	表面发黑
	82	翠 2	西次间脊檩	绿色	表面污染
	83	翠 3	西次间脊檩	银色	黑色污染
	84	翠 4	西次间脊檩	金色	表面污染
	85	翠 5	西次间脊檩	黑色	疑为暗蓝色
	86	翠 6	西次间金檩	暗蓝色	表面污染
	87	翠 7	西次间金檩	白色	黑色污染
苏州云岩寺	88	云岩 1	天花	白色	—
	89	云岩 2	天花	褐色	表面污染
	90	云岩 3	天花	红色	表面发黑
苏州观音殿	91	观 1	天花	蓝色	发暗
	92	观 2	天花	白色	—
	93	观 3	天花	灰色	表面污染
苏州双桂楼	94	双 1	脊檩	金色	金箔
南京东王杨秀清属官衙署	95	东王 1	东次间板壁	白色	底层
	96	东王 2	东次间板壁	红色	—
	97	东王 3	东次间板壁	绿色	—
	98	东王 4	东次间板壁	褐色	表面污染
	99	东王 5	东次间板壁	蓝色	—
	100	东王 6	东次间板壁	黄色	—
江阴文庙	101	江 1	东次间金檩	蓝色	表面发黑
	102	江 2	东次间金檩	绿色	含有褐色
	103	江 3	东次间金檩	白色	底层
	104	江 4	东次间金檩	红色	表面发暗
	105	江 5	西次间梁枋	彩绘板	—
	106	江 6	西次间梁枋	彩绘板	—
	107	江 7	西次间梁枋	彩绘板	—

续表

取样地点	序号	样品编号	取样部位	样品颜色	备注
严家祠堂	108	严1	脊檩	黑色	表面污染
	109	严2	脊檩	灰色	表面污染
	110	严3	脊檩	红色	表面发暗
	111	严4	脊檩	蓝色	表面发暗
	112	严5	脊檩	褐色	表面污染
	113	严6	脊檩	深绿色	表面发褐
	114	严7	脊檩	黑蓝色	表面发黑
	115	严8	西次间金檩	褐色	表面污染
	116	严9	西次间金檩	灰色	表面污染
	117	严10	西次间金檩	深褐色	表面发黑
	118	严11	西次间金檩	白色	表面污染
	119	严12	西次间金檩	黄色	表面污染
	120	严13	西次间金檩	浅褐色	表面污染
宜兴徐大宗祠	121	徐1	明间东边梁	白色	表面污染
	122	徐2	明间东边梁	绿色	表面污染
	123	徐3	明间东边梁	灰色	表面污染
	124	徐4	明间东边梁	红色	表面发暗
	125	徐5	明间东边梁	橘红色	表面污染
	126	徐6	明间东边梁	白色	表面污染
	127	徐7	明间东边梁	蓝色	表面发黑
	128	徐8	明间东边梁	黄色	表面污染
	129	徐9	明间东边梁	红色	表面发暗
	130	徐10	明间东边梁	绿色	含有褐色
	131	徐11	次间前金檩	红色	表面发暗
	132	徐12	次间前金檩	紫色	表面污染
	133	徐13	次间前金檩	橘红色	表面污染
	134	徐14	次间前金檩	褐色	表面污染
	135	徐15	次间前金檩	红色	表面发暗
	136	徐16	次间前金檩	深褐色	表面污染
	137	徐17	次间前金檩	黄色	表面污染
	138	徐18	次间前金檩	绿色	含有褐色
	139	徐19	次间前金檩	白色	表面污染
	140	徐20	次间前金檩	浅红色	表面发暗
	141	徐21	次间后金檩	灰色	表面污染
	142	徐22	次间后金檩	黑色	表面污染
	143	徐23	次间后金檩	红色	表面发暗
	144	徐24	次间后金檩	蓝色	表面发黑
	145	徐25	次间后金檩	浅蓝色	表面发黑
	146	徐26	次间后金檩	蓝黑色	表面发黑

续表

取样地点	序号	样品编号	取样部位	样品颜色	备注
泰州南禅教寺	147	南禅 1	东次间穿枋	红色	表面污染
	148	南禅 2	东次间穿枋	浅红色	表面污染
	149	南禅 3	东次间穿枋	白色	表面污染
	150	南禅 4	东次间穿枋	灰色	表面污染
	151	南禅 5	东次间穿枋	蓝色	表面污染
	152	南禅 6	东次间穿枋	深蓝色	表面发黑
	153	南禅 7	东次间穿枋	浅蓝色	表面发灰
	154	南禅 8	东次间穿枋	褐色	表面污染
	155	南禅 9	东次间金檩	黑色	表面污染
	156	南禅 10	东次间金檩	黑蓝色	表面发黑
	157	南禅 11	东次间金檩	绿色	表面污染
	158	南禅 12	东次间金檩	浅绿色	含有褐色
	159	南禅 13	东次间金檩	白色	表面污染
	160	南禅 14	东次间金檩	粉红色	表面发灰
	171	南禅 15	东次间金檩	灰色	表面污染
	172	南禅 16	东次间金檩	橘红色	表面污染
	173	南禅 17	东次间金檩	红色	表面发暗
	174	南禅 18	明间金檩	蓝色	表面污染
	175	南禅 19	明间金檩	深蓝色	表面发黑
	176	南禅 20	明间金檩	浅蓝色	表面发灰
	177	南禅 21	明间金檩	白色	表面污染
	178	南禅 22	明间金檩	红色	表面发暗
	179	南禅 23	明间金檩	蓝色	表面污染
	180	南禅 24	明间金檩	褐色	表面污染
	181	南禅 25	明间金檩	白色	表面污染
	182	南禅 26	明间金檩	深蓝色	表面发黑
	183	南禅 27	明间金檩	蓝色	表面污染
	184	南禅 28	明间金檩	黄色	表面污染
	185	南禅 29	明间金檩	黄色	表面发灰
	186	南禅 30	明间金檩	灰色	表面污染
	187	南禅 31	西次间穿枋	红色	表面发黑
	188	南禅 32	西次间穿枋	浅红色	表面发灰
	189	南禅 33	西次间穿枋	灰色	表面污染
	190	南禅 34	西次间穿枋	绿色	含有褐色
	191	南禅 35	西次间穿枋	蓝色	表面发黑
	192	南禅 36	西次间穿枋	褐色	表面污染
	193	南禅 37	西次间穿枋	黑色	表面污染
	194	南禅 38	西次间穿枋	蓝色	表面发黑
	195	南禅 39	西次间金檩	浅绿色	含有褐色
	196	南禅 40	西次间金檩	橘红色	表面污染
	197	南禅 41	西次间金檩	灰色	表面污染
	198	南禅 42	西次间金檩	红色	表面发暗
	199	南禅 43	西次间金檩	蓝色	表面发黑
	200	南禅 44	西次间金檩	白色	表面污染
	201	南禅 45	西次间金檩	绿色	含有褐色
	202	南禅 46	西次间金檩	黄色	表面污染

续表

取样地点	序号	样品编号	取样部位	样品颜色	备注
苏州凝德堂	203	凝1	东五架梁	红色	表面污染
	204	凝2	东五架梁	白色	表面污染
	205	凝3	东五架梁	浅红色	表面污染
	206	凝4	东五架梁	黄色	表面污染
	207	凝5	东五架梁	黑蓝色	表面污染
	208	凝6	东五架梁	暗绿色	表面发黑
	209	凝7	东五架梁	蓝色	表面污染
	210	凝8	东五架梁	白色	表面污染
	211	凝9	东五架梁	灰色	表面污染
	212	凝10	东五架梁	黑色	表面污染
	213	凝11	东次间金檩	白色	表面污染
	214	凝12	东次间金檩	红色	表面污染
	215	凝13	东次间金檩	灰色	表面污染
	216	凝14	东次间金檩	金色	表面污染
	217	凝15	东次间金檩	褐色	疑为绿色

附录B 模拟实验XRD分析结果表

实验编号：1#朱砂+土红、2#石绿+铅白、3#石绿、4#雄黄、5#石青、6#铅丹、7#土红、8#群青+铅白、9#朱砂、10#铅白、11#花青、12#氯铜矿、13#朱砂+铅白、14#石黄、15#氯铜矿+铅白、16#群青、17#石青+铅白、18#朱砂+铅丹、19#土黄、20#花青+铅白。

1.高温高湿紫外光实验XRD分析结果表（Wsg=高温高湿紫外光）

样品号	检测成果
Wsg1#	朱砂（HgS）
Wsg1#-72	朱砂（HgS）
Wsg1#-144	朱砂（HgS）
Wsg1#-216	朱砂（HgS）

样品号	检测成果
Wsg1#-288	朱砂（HgS）、黑辰砂（HgS）
Wsg1#-360	朱砂（HgS）、黑辰砂（HgS）
Wsg1#-432	朱砂（HgS）、黑辰砂（HgS）
Wsg1#-504	朱砂（HgS）、黑辰砂（HgS）
Wsg1#-576	朱砂（HgS）、黑辰砂（HgS）
Wsg1#-648	朱砂（HgS）、黑辰砂（HgS）
Wsg2#	铅白 $[Pb_3(CO_3)_2(OH)_2]$、碳酸铅（$PbCO_3$）、孔雀石 $[CuCO_3 \cdot Cu(OH)_2]$
Wsg2#-72	铅白 $[Pb_3(CO_3)_2(OH)_2]$、石英（SiO_2）、碳酸铅（$PbCO_3$）、孔雀石 $[CuCO_3 \cdot Cu(OH)_2]$
Wsg2#-144	铅白 $[Pb_3(CO_3)_2(OH)_2]$、石英（SiO_2）、碳酸铅（$PbCO_3$）、孔雀石 $[CuCO_3 \cdot Cu(OH)_2]$
Wsg2#-216	铅白 $[Pb_3(CO_3)_2(OH)_2]$、石英（SiO_2）、碳酸铅（$PbCO_3$）、孔雀石 $[CuCO_3 \cdot Cu(OH)_2]$
Wsg2#-288	铅白 $[Pb_3(CO_3)_2(OH)_2]$、石英（SiO_2）、碳酸铅（$PbCO_3$）、孔雀石 $[CuCO_3 \cdot Cu(OH)_2]$
Wsg2#-360	铅白 $[Pb_3(CO_3)_2(OH)_2]$、石英（SiO_2）、碳酸铅（$PbCO_3$）、孔雀石 $[CuCO_3 \cdot Cu(OH)_2]$
Wsg2#-432	铅白 $[Pb_3(CO_3)_2(OH)_2]$、石英（SiO_2）、碳酸铅（$PbCO_3$）、孔雀石 $[CuCO_3 \cdot Cu(OH)_2]$
Wsg2#-504	铅白 $[Pb_3(CO_3)_2(OH)_2]$、石英（SiO_2）、碳酸铅（$PbCO_3$）、孔雀石 $[CuCO_3 \cdot Cu(OH)_2]$
Wsg2#-576	铅白 $[Pb_3(CO_3)_2(OH)2_]$、石英（SiO_2）、碳酸铅（$PbCO_3$）、孔雀石 $[CuCO_3 \cdot Cu(OH)_2]$
Wsg2#-648	铅白 $[Pb_3(CO_3)_2(OH)_2]$、石英（SiO_2）、碳酸铅（$PbCO_3$）、孔雀石 $[CuCO_3 \cdot Cu(OH)_2]$
Wsg3 #	石英（SiO_2）、孔雀石 $[CuCO_3 \cdot Cu(OH)_2]$
Wsg3 # -72	石英（SiO_2）、孔雀石 $[CuCO_3 \cdot Cu(OH)_2]$
Wsg3 # -144	石英（SiO_2）、孔雀石 $[CuCO_3 \cdot Cu(OH)_2]$、水合硅酸铜（$CuSiO_3 \cdot 2H_2O$）
Wsg3 # -216	石英（SiO_2）、孔雀石 $[CuCO_3 \cdot Cu(OH)_2]$
Wsg3 # -288	石英（SiO_2）、孔雀石 $[CuCO_3 \cdot Cu(OH)_2]$
Wsg3 # -360	石英（SiO_2）、孔雀石 $[CuCO_3 \cdot Cu(OH)_2]$、氧化铜（CuO）
Wsg3 # -432	石英（SiO_2）、孔雀石 $[CuCO_3 \cdot Cu(OH)_2]$、氧化铜（CuO）
Wsg3 # -504	石英（SiO_2）、孔雀石 $[CuCO_3 \cdot Cu(OH)_2]$、氧化铜（CuO）
Wsg3 # -576	石英（SiO_2）、孔雀石 $[CuCO_3 \cdot Cu(OH)_2]$、氧化铜（CuO）
Wsg3 # -648	石英（SiO_2）、孔雀石 $[CuCO_3 \cdot Cu(OH)_2]$、氧化铜（CuO）
Wsg4 #	雄黄（As_2S_2、AsS）、雌黄（As_2S_3）
Wsg4 # -72	雄黄（As_2S_2、AsS）、雌黄（As_2S_3）
Wsg4 # -144	雄黄（As_2S_2、AsS）、雌黄（As_2S_3）、三氧化二砷（As_2O_3）
Wsg4 # -216	雄黄（As_2S_2、AsS）、雌黄（As_2S_3）、三氧化二砷（As_2O_3）
Wsg4 # -288	雄黄（As_2S_2、AsS）、雌黄（As_2S_3）、三氧化二砷（As_2O_3）

续表

样品号	检测成果
Wsg4 # -360	雄黄（As_2S_2、AsS、As_4S_4）、雌黄（As_2S_3）、三氧化二砷（As_2O_3）
Wsg4 # -432	雄黄（As_2S_2、AsS、As_4S_4）、雌黄（As_2S_3）、三氧化二砷（As_2O_3）
Wsg4 # -504	雄黄（As_2S_2、AsS、As_4S_4）、雌黄（As_2S_3）、三氧化二砷（As_2O_3）
Wsg4 # -576	雄黄（As_2S_2、AsS、As_4S_4）、雌黄（As_2S_3）、三氧化二砷（As_2O_3）
Wsg4 # -648	雄黄（As_2S_2、AsS、As_4S_4）、雌黄（As_2S_3）、三氧化二砷（As_2O_3）
Wsg5 #	蓝铜矿［$Cu_3(CO_3)_2(OH)_2$］
Wsg5 # -72	蓝铜矿［$Cu_3(CO_3)_2(OH)_2$］
Wsg5 # -144	蓝铜矿［$Cu_3(CO_3)_2(OH)_2$］、羟氯铜矿（Cu_2+2OCl_2）
Wsg5 # -216	蓝铜矿［$Cu_3(CO_3)_2(OH)_2$］、氧化铜（CuO）、羟氯铜矿（Cu_2+2OCl_2）
Wsg5 # -288	蓝铜矿［$Cu_3(CO_3)_2(OH)_2$］
Wsg5 # -360	蓝铜矿［$Cu_3(CO_3)_2(OH)_2$］、氧化铜（CuO）
Wsg5 # -432	蓝铜矿［$Cu_3(CO_3)_2(OH)_2$］、氧化铜（CuO）
Wsg5 # -504	蓝铜矿［$Cu_3(CO_3)_2(OH)_2$］、氧化铜（CuO）
Wsg5 # -576	蓝铜矿［$Cu_3(CO_3)_2(OH)_2$］、氧化铜（CuO）
Wsg5 # -648	蓝铜矿［$Cu_3(CO_3)_2(OH)_2$］、氧化铜（CuO）
Wsg6 #	铅丹（Pb_3O_4）
Wsg6 # -72	铅丹（Pb_3O_4）
Wsg6 # -144	铅丹（Pb_3O_4）
Wsg6 # -216	铅丹（Pb_3O_4）
Wsg6 # -288	铅丹（Pb_3O_4）
Wsg6 # -360	铅丹（Pb_3O_4）
Wsg6 # -432	铅丹（Pb_3O_4）
Wsg6 # -504	铅丹（Pb_3O_4）
Wsg6 # -576	铅丹（Pb_3O_4）
Wsg6 # -648	铅丹（Pb_3O_4）
Wsg7 #	石英（SiO_2）、方解石（$CaCO_3$）、赤铁矿（Fe_2O_3）
Wsg7 # -72	石英（SiO_2）、方解石（$CaCO_3$）、赤铁矿（Fe_2O_3）
Wsg7 # -144	石英（SiO_2）、方解石（$CaCO_3$）、赤铁矿（Fe_2O_3）
Wsg7 # -216	石英（SiO_2）、方解石（$CaCO_3$）、赤铁矿（Fe_2O_3）
Wsg7 # -288	石英（SiO_2）、方解石（$CaCO_3$）、赤铁矿（Fe_2O_3）、水赤铁矿（$Fe_2O_3 \cdot xH_2O$）
Wsg7 # -360	石英（SiO_2）、方解石（$CaCO_3$）、赤铁矿（Fe_2O_3）、水赤铁矿（$Fe_2O_3 \cdot xH_2O$）

样品号	检测成果
Wsg7#-432	石英（SiO_2）、方解石（$CaCO_3$）、赤铁矿（Fe_2O_3）、水赤铁矿（$Fe_2O_3 \cdot xH_2O$）
Wsg7#-504	石英（SiO_2）、方解石（$CaCO_3$）、赤铁矿（Fe_2O_3）、水赤铁矿（$Fe_2O_3 \cdot xH_2O$）
Wsg7#-576	石英（SiO_2）、方解石（$CaCO_3$）、赤铁矿（Fe_2O_3）、水赤铁矿（$Fe_2O_3 \cdot xH_2O$）
Wsg7#-648	石英（SiO_2）、方解石（$CaCO_3$）、赤铁矿（Fe_2O_3）、水赤铁矿（$Fe_2O_3 \cdot xH_2O$）
Wsg8#	青金石［（$Na_6Ca_2Al_6Si_6O_{24}（SO_4）_2$）］、铅白［$Pb_3（CO_3）_2（OH）_2$］、白铅矿（$PbCO_3$）
Wsg8#-72	青金石［（$Na_6Ca_2Al_6Si_6O_{24}（SO_4）_2$）］、铅白［$Pb_3（CO_3）_2（OH）_2$］、白铅矿（$PbCO_3$）
Wsg8#-144	青金石［（$Na_6Ca_2Al_6Si_6O_{24}（SO_4）_2$）］、铅白［$Pb_3（CO_3）_2（OH）_2$］、白铅矿（$PbCO_3$）
Wsg8#-216	青金石［（$Na_6Ca_2Al_6Si_6O_{24}（SO_4）_2$）］、铅白［$Pb_3（CO_3）_2（OH）_2$］、白铅矿（$PbCO_3$）
Wsg8#-288	青金石［（$Na_6Ca_2Al_6Si_6O_{24}（SO_4）_2$）］、铅白［$Pb_3（CO_3）_2（OH）_2$］、白铅矿（$PbCO_3$）
Wsg8#-360	青金石［（$Na_6Ca_2Al_6Si_6O_{24}（SO_4）_2$）］、铅白［$Pb_3（CO_3）_2（OH）_2$］、白铅矿（$PbCO_3$）
Wsg8#-432	青金石［（$Na_6Ca_2Al_6Si_6O_{24}（SO_4）_2$）］、铅白［$Pb_3（CO_3）_2（OH）_2$］、白铅矿（$PbCO_3$）、石英（$SiO_2$）
Wsg8#-504	青金石［（$Na_6Ca_2Al_6Si_6O_{24}（SO_4）_2$）］、铅白［$Pb_3（CO_3）_2（OH）_2$］、白铅矿（$PbCO_3$）、石英（$SiO_2$）
Wsg8#-576	青金石［（$Na_6Ca_2Al_6Si_6O_{24}（SO_4）_2$）］、铅白［$Pb_3（CO_3）_2（OH）_2$］、白铅矿（$PbCO_3$）、石英（$SiO_2$）
Wsg8#-648	青金石［（$Na_6Ca_2Al_6Si_6O_{24}（SO_4）_2$）］、铅白［$Pb_3（CO_3）_2（OH）_2$］、白铅矿（$PbCO_3$）、石英（$SiO_2$）
Wsg9#	朱砂（HgS）
Wsg9#-72	朱砂（HgS）、黑辰砂（HgS）
Wsg9#-144	朱砂（HgS）、黑辰砂（HgS）
Wsg9#-216	朱砂（HgS）、黑辰砂（HgS）
Wsg9#-288	朱砂（HgS）、黑辰砂（HgS）
Wsg9#-360	朱砂（HgS）、黑辰砂（HgS）
Wsg9#-432	朱砂（HgS）、黑辰砂（HgS）
Wsg9#-504	朱砂（HgS）、黑辰砂（HgS）
Wsg9#-576	朱砂（HgS）、黑辰砂（HgS）
Wsg9#-648	朱砂（HgS）、黑辰砂（HgS）
Wsg10#	铅白［$PbCO_3 \cdot Pb（OH）_2$］、白铅矿（$PbCO_3$）
Wsg10#-72	铅白［$PbCO_3 \cdot Pb（OH）_2$］、白铅矿（$PbCO_3$）
Wsg10#-144	铅白［$PbCO_3 \cdot Pb（OH）_2$］、白铅矿（$PbCO_3$）
Wsg10#-216	铅白［$PbCO_3 \cdot Pb（OH）_2$］、白铅矿（$PbCO_3$）

续表

样品号	检测成果
Wsg10＃-288	铅白〔$PbCO_3 \cdot Pb(OH)_2$〕、白铅矿（$PbCO_3$）
Wsg10＃-360	铅白〔$PbCO_3 \cdot Pb(OH)_2$〕、白铅矿（$PbCO_3$）
Wsg10＃-432	铅白〔$PbCO_3 \cdot Pb(OH)_2$〕、白铅矿（$PbCO_3$）
Wsg10＃-504	铅白〔$PbCO_3 \cdot Pb(OH)_2$〕、白铅矿（$PbCO_3$）
Wsg10＃-576	铅白〔$PbCO_3 \cdot Pb(OH)_2$〕、白铅矿（$PbCO_3$）
Wsg10＃-648	铅白〔$PbCO_3 \cdot Pb(OH)_2$〕、白铅矿（$PbCO_3$）
Wsg11＃	石英（SiO_2）、方解石（$CaCO_3$）
Wsg11＃-216	方解石（$CaCO_3$）
Wsg11＃-432	石英（SiO_2）、方解石（$CaCO_3$）
Wsg11＃-648	石英（SiO_2）、方解石（$CaCO_3$）
Wsg12＃	氯铜矿〔$Cu_2Cl(OH)_3$〕
Wsg12＃-72	氯铜矿〔$Cu_2Cl(OH)_3$〕
Wsg12＃-144	氯铜矿〔$Cu_2Cl(OH)_3$〕、羟氯铜矿（Cu_2+2OCl_2）
Wsg12＃-216	氯铜矿〔$Cu_2Cl(OH)_3$〕
Wsg12＃-288	氯铜矿〔$Cu_2Cl(OH)_3$〕
Wsg12＃-360	氯铜矿〔$Cu_2Cl(OH)_3$〕
Wsg12＃-432	氯铜矿〔$Cu_2Cl(OH)_3$〕
Wsg12＃-504	氯铜矿〔$Cu_2Cl(OH)_3$〕
Wsg12＃-576	氯铜矿〔$Cu_2Cl(OH)_3$〕
Wsg12＃-648	氯铜矿〔$Cu_2Cl(OH)_3$〕
Wsg13＃	铅白〔$PbCO_3 \cdot Pb(OH)_2$〕、白铅矿（$PbCO_3$）、朱砂（HgS）
Wsg13＃-72	铅白〔$PbCO_3 \cdot Pb(OH)_2$〕、白铅矿（$PbCO_3$）、朱砂（HgS）
Wsg13＃-144	铅白〔$PbCO_3 \cdot Pb(OH)_2$〕、白铅矿（$PbCO_3$）、朱砂（HgS）
Wsg13＃-216	铅白〔$PbCO_3 \cdot Pb(OH)_2$〕、白铅矿（$PbCO_3$）、朱砂（HgS）
Wsg13＃-288	铅白〔$PbCO_3 \cdot Pb(OH)_2$〕、白铅矿（$PbCO_3$）、朱砂（HgS）
Wsg13＃-360	铅白〔$PbCO_3 \cdot Pb(OH)_2$〕、白铅矿（$PbCO_3$）、朱砂（HgS）
Wsg13＃-432	铅白〔$PbCO_3 \cdot Pb(OH)_2$〕、白铅矿（$PbCO_3$）、朱砂（HgS）
Wsg13＃-504	铅白〔$PbCO_3 \cdot Pb(OH)_2$〕、白铅矿（$PbCO_3$）、朱砂（HgS）
Wsg13＃-576	铅白〔$PbCO_3 \cdot Pb(OH)_2$〕、白铅矿（$PbCO_3$）、朱砂（HgS）
Wsg13＃-648	铅白〔$PbCO_3 \cdot Pb(OH)_2$〕、白铅矿（$PbCO_3$）、朱砂（HgS）
Wsg14＃	雌黄（As_2S_3）、方解石（$CaCO_3$）

续表

样品号	检测成果
Wsg14#-72	雌黄（As_2S_3）、方解石（$CaCO_3$）
Wsg14#-144	雌黄（As_2S_3）、（As_2O_3）、方解石（$CaCO_3$）
Wsg14#-216	雌黄（As_2S_3）、（As_2O_3）、方解石（$CaCO_3$）
Wsg14#-288	雌黄（As_2S_3）、（As_2O_3）、方解石（$CaCO_3$）
Wsg14#-360	雌黄（As_2S_3）、（As_2O_3）、方解石（$CaCO_3$）
Wsg14#-432	雌黄（As_2S_3）、（As_2O_3）、方解石（$CaCO_3$）
Wsg14#-504	雌黄（As_2S_3）、（As_2O_3）、方解石（$CaCO_3$）
Wsg14#-576	雌黄（As_2S_3）、（As_2O_3）、方解石（$CaCO_3$）
Wsg14#-648	雌黄（As_2S_3）、（As_2O_3）、方解石（$CaCO_3$）
Wsg15#	铅白［$PbCO_3 \cdot Pb(OH)_2$］、白铅矿（$PbCO_3$）、氯铜矿［$Cu_2Cl(OH)_3$］
Wsg15#-72	铅白［$PbCO_3 \cdot Pb(OH)_2$］、白铅矿（$PbCO_3$）、氯铜矿［$Cu_2Cl(OH)_3$］
Wsg15#-144	铅白［$PbCO_3 \cdot Pb(OH)_2$］、白铅矿（$PbCO_3$）、氯铜矿［$Cu_2Cl(OH)_3$］
Wsg15#-216	铅白［$PbCO_3 \cdot Pb(OH)_2$］、白铅矿（$PbCO_3$）、氯铜矿［$Cu_2Cl(OH)_3$］
Wsg15#-288	铅白［$PbCO_3 \cdot Pb(OH)_2$］、白铅矿（$PbCO_3$）、氯铜矿［$Cu_2Cl(OH)_3$］
Wsg15#-360	铅白［$PbCO_3 \cdot Pb(OH)_2$］、白铅矿（$PbCO_3$）、氯铜矿［$Cu_2Cl(OH)_3$］
Wsg15#-432	铅白［$PbCO_3 \cdot Pb(OH)_2$］、白铅矿（$PbCO_3$）、氯铜矿［$Cu_2Cl(OH)_3$］
Wsg15#-504	铅白［$PbCO_3 \cdot Pb(OH)_2$］、白铅矿（$PbCO_3$）、氯铜矿［$Cu_2Cl(OH)_3$］
Wsg15#-576	铅白［$PbCO_3 \cdot Pb(OH)_2$］、白铅矿（$PbCO_3$）、氯铜矿［$Cu_2Cl(OH)_3$］
Wsg15#-648	铅白［$PbCO_3 \cdot Pb(OH)_2$］、白铅矿（$PbCO_3$）、氯铜矿［$Cu_2Cl(OH)_3$］
Wsg16#	青金石［$Na_6Ca_2Al_6Si_6O_{24}(SO_4)_2$］
Wsg16#-72	青金石［$Na_6Ca_2Al_6Si_6O_{24}(SO_4)_2$］
Wsg16#-144	青金石［$Na_6Ca_2Al_6Si_6O_{24}(SO_4)_2$］
Wsg16#-216	青金石［$Na_6Ca_2Al_6Si_6O_{24}(SO_4)_2$］
Wsg16#-288	青金石［$Na_6Ca_2Al_6Si_6O_{24}(SO_4)_2$］
Wsg16#-360	青金石［$Na_6Ca_2Al_6Si_6O_{24}(SO_4)_2$］
Wsg16#-432	青金石［$Na_6Ca_2Al_6Si_6O_{24}(SO_4)_2$］
Wsg16#-504	青金石［$Na_6Ca_2Al_6Si_6O_{24}(SO_4)_2$］
Wsg16#-576	青金石［$Na_6Ca_2Al_6Si_6O_{24}(SO_4)_2$］
Wsg16#-648	青金石［$Na_6Ca_2Al_6Si_6O_{24}(SO_4)_2$］
Wsg17#	铅白［$PbCO_3 \cdot Pb(OH)_2$］、白铅矿（$PbCO_3$）、蓝铜矿［$Cu_3(CO_3)_2(OH)_2$］
Wsg17#-72	铅白［$Pb_3(CO_3)_2(OH)_2$］、白铅矿（$PbCO_3$）、蓝铜矿［$Cu_3(CO_3)_2(OH)_2$］

续表

样品号	检测成果
Wsg17 # -144	铅白［$Pb_3(CO_3)_2(OH)_2$］、白铅矿（$PbCO_3$）、蓝铜矿［$Cu_3(CO_3)_2(OH)_2$］
Wsg17 # -216	铅白［$Pb_3(CO_3)_2(OH)_2$］、白铅矿（$PbCO_3$）、蓝铜矿［$Cu_3(CO_3)_2(OH)_2$］、一氧化铅（PbO）
Wsg17 # -288	铅白［$Pb_3(CO_3)_2(OH)_2$］、白铅矿（$PbCO_3$）、蓝铜矿［$Cu_3(CO_3)_2(OH)_2$］、一氧化铅（PbO）
Wsg17 # -360	铅白［$Pb_3(CO_3)_2(OH)_2$］、白铅矿（$PbCO_3$）、蓝铜矿［$Cu_3(CO_3)_2(OH)_2$］、一氧化铅（PbO）
Wsg17 # -432	铅白［$Pb_3(CO_3)_2(OH)_2$］、白铅矿（$PbCO_3$）、蓝铜矿［$Cu_3(CO_3)_2(OH)_2$］、一氧化铅（PbO）
Wsg17 # -504	铅白［$Pb_3(CO_3)_2(OH)_2$］、白铅矿（$PbCO_3$）、蓝铜矿［$Cu_3(CO_3)_2(OH)_2$］、一氧化铅（PbO）
Wsg17 # -576	铅白［$Pb_3(CO_3)_2(OH)_2$］、白铅矿（$PbCO_3$）、蓝铜矿［$Cu_3(CO_3)_2(OH)_2$］、一氧化铅（PbO）
Wsg17 # -648	铅白［$Pb_3(CO_3)_2(OH)_2$］、白铅矿（$PbCO_3$）、蓝铜矿［$Cu_3(CO_3)_2(OH)_2$］、一氧化铅（PbO）
Wsg18 #	铅丹（Pb_3O_4）、朱砂（HgS）
Wsg18 # -72	铅丹（Pb_3O_4）、朱砂（HgS）
Wsg18 # -144	铅丹（Pb_3O_4）、朱砂（HgS）
Wsg18 # -216	铅丹（Pb_3O_4）、朱砂（HgS）
Wsg18 # -288	铅丹（Pb_3O_4）、朱砂（HgS）、黑辰砂（HgS）
Wsg18 # -360	铅丹（Pb_3O_4）、朱砂（HgS）、黑辰砂（HgS）
Wsg18 # -432	铅丹（Pb_3O_4）、朱砂（HgS）、黑辰砂（HgS）
Wsg18 # -504	铅丹（Pb_3O_4）、朱砂（HgS）、黑辰砂（HgS）
Wsg18 # -576	铅丹（Pb_3O_4）、朱砂（HgS）、黑辰砂（HgS）
Wsg18 # -648	铅丹（Pb_3O_4）、朱砂 HgS）、黑辰砂（HgS）
Wsg19 #	钠长石（$NaAlSi_3O_8$）、石英（SiO_2）、土黄（α-FeOOH）
Wsg19 # -72	钠长石（$NaAlSi_3O_8$）、石英（SiO_2）、土黄（α-FeOOH）
Wsg19 # -144	钠长石（$NaAlSi_3O_8$）、石英（SiO_2）、土黄（α-FeOOH）
Wsg19 # -216	钠长石（$NaAlSi_3O_8$）、石英（SiO_2）、土黄（α-FeOOH）
Wsg19 # -288	钠长石（$NaAlSi_3O_8$）、石英（SiO_2）、土黄（α-FeOOH）
Wsg19 # -360	钠长石（$NaAlSi_3O_8$）、石英（SiO_2）、土黄（α-FeOOH）

续表

样品号	检测成果
Wsg19＃-432	钠长石（NaAlSi$_3$O$_8$）、石英（SiO$_2$）、土黄（α-FeOOH）
Wsg19＃-504	钠长石（NaAlSi$_3$O$_8$）、石英（SiO$_2$）、土黄（α-FeOOH）
Wsg19＃-576	钠长石（NaAlSi$_3$O$_8$）、石英（SiO$_2$）、土黄（α-FeOOH）
Wsg19＃-648	钠长石（NaAlSi$_3$O$_8$）、石英（SiO$_2$）、土黄（α-FeOOH）
Wsg20#	铅白［Pb$_3$（CO$_3$）$_2$（OH）$_2$］、白铅矿（PbCO$_3$）
Wsg20#-72	铅白［Pb$_3$（CO$_3$）$_2$（OH）$_2$］、白铅矿（PbCO$_3$）
Wsg20#-144	铅白［Pb$_3$（CO$_3$）$_2$（OH）$_2$］、白铅矿（PbCO$_3$）
Wsg20#-216	铅白［Pb$_3$（CO$_3$）$_2$（OH）$_2$］、白铅矿（PbCO$_3$）、方解石（CaCO$_3$）
Wsg20#-288	铅白［Pb$_3$（CO$_3$）$_2$（OH）$_2$］、白铅矿（PbCO$_3$）
Wsg20#-360	铅白［Pb$_3$（CO$_3$）$_2$（OH）$_2$］、白铅矿（PbCO$_3$）
Wsg20#-432	铅白［Pb$_3$（CO$_3$）$_2$（OH）$_2$］、白铅矿（PbCO$_3$）
Wsg20#-504	铅白［Pb$_3$（CO$_3$）$_2$（OH）$_2$］、白铅矿（PbCO$_3$）
Wsg20#-576	铅白［Pb$_3$（CO$_3$）$_2$（OH）$_2$］、白铅矿（PbCO$_3$）
Wsg20#-648	铅白［Pb$_3$（CO$_3$）$_2$（OH）$_2$］、白铅矿（PbCO$_3$）

2. 高温高湿实验 XRD 分析结果表（Gwgs＝高温高湿）

样品号	检测成果
Gwgs1#	朱砂（HgS）、黑辰砂（HgS）
Gwgs2#	白铅矿（PbCO$_3$）、铅白［PbCO$_3$·Pb（OH）$_2$］、孔雀石［CuCO$_3$·Cu（OH）$_2$］、石英（SiO$_2$）
Gwgs3#	孔雀石［CuCO$_3$·Cu（OH）$_2$］、石英（SiO$_2$）
Gwgs4#	雄黄（As$_4$S$_4$、AsS）
Gwgs5#	蓝铜矿［Cu$_3$（CO$_3$）$_2$（OH）$_2$］
Gwgs6#	铅丹（Pb$_3$O$_4$）
Gwgs7#	石英（SiO$_2$）、赤铁矿（Fe$_2$O$_3$）、方解石（CaCO$_3$）
Gwgs8#	白铅矿（PbCO$_3$）、铅白［PbCO$_3$·Pb（OH）$_2$］、青金石［Na$_6$Ca$_2$Al$_6$Si$_6$O$_{24}$（SO$_4$）$_2$］
Gwgs9#	朱砂（HgS）、黑辰砂（HgS）
Gwgs10#	白铅矿（PbCO$_3$）、铅白［PbCO$_3$·Pb（OH）$_2$］
Gwgs11#	石英（SiO$_2$）、方解石（CaCO$_3$）
Gwgs12#	氯铜矿［Cu$_2$Cl（OH）$_3$］

续表

样品号	检测成果
Gwgs13#	白铅矿（$PbCO_3$）、铅白［$PbCO_3 \cdot Pb(OH)_2$］、朱砂（HgS）、黑辰砂（HgS）
Gwgs14#	方解石（$CaCO_3$）、雌黄（As_2S_3）、（As_2O_3）
Gwgs15#	白铅矿（$PbCO_3$）、铅白［$PbCO_3 \cdot Pb(OH)_2$］、氯铜矿［$Cu_2Cl(OH)_3$］
Gwgs16#	青金石［$Na_6Ca_2Al_6Si_6O_{24}(SO_4)_2$］
Gwgs17#	白铅矿（$PbCO_3$）、铅白［$PbCO_3 \cdot Pb(OH)_2$］、蓝铜矿［$Cu_3(CO_3)_2(OH)_2$］
Gwgs18#	铅丹（Pb_3O_4）、朱砂（HgS）、黑辰砂（HgS）
Gwgs19#	石英（SiO_2）、土黄（$\alpha\text{-}FeOOH$）、钠长石（$NaAlSi_3O_8$）
Gwgs20#	白铅矿（$PbCO_3$）、铅白［$PbCO_3 \cdot Pb(OH)_2$］

3. 高湿常温实验 XRD 分析结果（Gscw=高湿常温）

样品号	检测成果
Gscw1#	朱砂（HgS）
Gscw2#	白铅矿（$PbCO_3$）、铅白［$PbCO_3 \cdot Pb(OH)_2$］、孔雀石［$CuCO_3 \cdot Cu(OH)_2$］、石英（SiO_2）
Gscw3#	孔雀石［$CuCO_3 \cdot Cu(OH)_2$］、石英（SiO_2）
Gscw4#	雄黄（As_4S_4、AsS）
Gscw5#	蓝铜矿［$Cu_3(CO_3)_2(OH)_2$］
Gscw6#	铅丹（Pb_3O_4）
Gscw7#	石英（SiO_2）、赤铁矿（Fe_2O_3）、方解石（$CaCO_3$）
Gscw8#	白铅矿（$PbCO_3$）、铅白［$PbCO_3 \cdot Pb(OH)_2$］、青金石［$Na_6Ca_2Al_6Si_6O_{24}(SO_4)_2$］
Gscw9#	朱砂（HgS）
Gscw10#	白铅矿（$PbCO_3$）、铅白［$PbCO_3 \cdot Pb(OH)_2$］
Gscw11#	石英（SiO_2）、方解石（$CaCO_3$）
Gscw12#	氯铜矿［$Cu_2Cl(OH)_3$］
Gscw13#	白铅矿（$PbCO_3$）、铅白［$PbCO_3 \cdot Pb(OH)_2$］、朱砂（HgS）
Gscw14#	方解石（$CaCO_3$）、雌黄（As_2S_3）
Gscw15#	白铅矿（$PbCO_3$）、铅白［$PbCO_3 \cdot Pb(OH)_2$］、氯铜矿［$Cu_2Cl(OH)_3$］
Gscw16#	青金石［$Na_6Ca_2Al_6Si_6O_{24}(SO_4)_2$］
Gscw17#	白铅矿（$PbCO_3$）、铅白［$PbCO_3 \cdot Pb(OH)_2$］、蓝铜矿［$Cu_3(CO_3)_2(OH)_2$］
Gscw18#	铅丹（Pb_3O_4）、朱砂（HgS）
Gscw19#	石英（SiO_2）、土黄（$\alpha\text{-}FeOOH$）、钠长石（$NaAlSi_3O_8$）
Gscw20#	白铅矿（$PbCO_3$）、铅白［$PbCO_3 \cdot Pb(OH)_2$］

4. 常温常湿与二氧化硫反应实验 XRD 分析结果表（Cws= 常温常湿与二氧化硫反应）

样品号	检测成果
Cws1#	朱砂（HgS）、黑辰砂（HgS）
Cws2#	白铅矿（PbCO$_3$）、孔雀石［CuCO$_3$·Cu（OH）$_2$］、白铅矿（PbSO$_3$）、一氧化铅（PbO）
Cws3#	孔雀石［CuCO$_3$·Cu（OH）$_2$］
Cws4#	雄黄（As$_4$S$_4$、AsS）
Cws5#	蓝铜矿［Cu$_3$（CO$_3$）$_2$（OH）$_2$］
Cws6#	铅丹（Pb$_3$O$_4$）
Cws7#	石英（SiO$_2$）、方解石（CaCO$_3$）、赤铁矿（Fe$_2$O$_3$）
Cws8#	方解石（CaCO$_3$）、硫酸铅（PbSO$_4$）
Cws9#	朱砂（HgS）、黑辰砂（HgS）
Cws10#	（PbSO$_3$）
Cws11#	方解石（CaCO$_3$）
Cws12#	氯铜矿［Cu$_2$Cl（OH）$_3$］
Cws13#	朱砂（HgS）、白铅矿（PbSO$_3$）
Cws14#	雌黄（As$_2$S$_3$）、三氧化二砷（As$_2$O$_3$）
Cws15#	氯铜矿［Cu$_2$Cl（OH）$_3$］、胆矾［CuSO$_4$（H$_2$O）$_5$］、白铅矿（PbSO$_3$）、一氧化铅（PbO）、二氧化铅（PbO$_2$）、白铅矿（PbCO$_3$）、铅白［PbCO$_3$·Pb（OH）$_2$］
Cws16#	三斜钠铝明矾［NaAl（SO$_4$）$_2$（H$_2$O）$_6$］
Cws17#	蓝铜矿［Cu$_3$（CO$_3$）$_2$（OH）$_2$］、一氧化铅（PbO）、铅白［PbCO$_3$·Pb（OH）$_2$］、（PbSO$_3$）
Cws18#	铅丹（Pb$_3$O$_4$）、朱砂（HgS）、黑辰砂（HgS）
Cws19#	石英（SiO$_2$）、土黄（α-FeOOH）
Cws20#	白铅矿（PbSO$_3$）

5. 高温高湿与二氧化硫反应实验 XRD 分析结果表（Gws= 高温高湿与二氧化硫反应）

样品号	检测成果
Gws1#	朱砂（HgS）、黑辰砂（HgS）
Gws2#	白铅矿（PbCO$_3$）、孔雀石［CuCO$_3$·Cu（OH）$_2$］、土黄（α-FeOOH）
Gws3#	孔雀石［CuCO$_3$·Cu（OH）$_2$］
Gws4#	雄黄（As$_4$S$_4$、AsS）

续表

样品号	检测成果
Gws5#	蓝铜矿［$Cu_3（CO_3）_2（OH）_2$］
Gws6#	铅丹（Pb_3O_4）
Gws7#	石英（SiO_2）、方解石（$CaCO_3$）、赤铁矿（Fe_2O_3）
Gws8#	氯化铅（$PbCl_2$）、硫酸铅（$PbSO_4$）
Gws9#	朱砂（HgS）
Gws10#	硫酸铅（$PbSO_4$）、白铅矿（$PbSO_3$）
Gws11#	石膏（$CaSO_4 \cdot 2H_2O$）
Gws12#	氯铜矿［$Cu_2Cl（OH）_3$］、胆矾（$CuSO_4 \cdot 5H_2O$）
Gws13#	朱砂（HgS）、白铅矿（$PbSO_3$）
Gws14#	雌黄（As_2S_3）、三氧化二砷（As_2O_3）
Gws15#	氯铜矿［$Cu_2Cl（OH）_3$］、胆矾（$CuSO_4 \cdot 5H_2O$）、氯化铅（$PbCl_2$）
Gws16#	三斜钠铝明矾［$NaAl（SO_4）_2（H_2O）_6$］
Gws17#	蓝铜矿［$Cu_3（CO_3）_2（OH）_2$］、（$PbSO_4$）、胆矾（$CuSO_4 \cdot 5H_2O$）
Gws18#	铅丹（Pb_3O_4）、朱砂（HgS）、黑辰砂（HgS）
Gws19#	石英（SiO_2）、土黄（$\alpha-FeOOH$）、钠长石（$NaAlSi_3O_8$）
Gws20#	白铅矿（$PbSO_3$）、硫酸铅（$PbSO_4$）

6. 高温高湿紫外光实验老化后保护样品（再老化）XRD 分析结果表 ［LBL = 老化后保护（再老化）］

样品号	检测成果
LBL1#	朱砂（HgS）、黑辰砂（HgS）
LBL2#	白铅矿（$PbCO_3$）、铅白［$PbCO_3 \cdot Pb（OH）_2$］、孔雀石［$CuCO_3 \cdot Cu（OH）_2$］
LBL3#	孔雀石［$CuCO_3 \cdot Cu（OH）_2$］、石英（SiO_2）、氧化铜（CuO）
LBL4#	雄黄（As_4S_4）、方钠石（$Na_4Al_3Si_3ClO_{16}$）、三氧化二砷（As_2O_3）
LBL5#	蓝铜矿［$Cu_3（CO_3）_2（OH）_2$］、氧化铜（CuO）
LBL6#	铅丹（Pb_3O_4）
LBL7#	赤铁矿（Fe_2O_3）、方解石（$CaCO_3$）、水赤铁矿（$Fe_2O_3 \cdot xH_2O$）
LBL8#	群青［$Na_6Ca_2Al_6Si_6O_{24}（SO_4）_2$］、白铅矿（$PbCO_3$）、铅白［$PbCO_3 \cdot Pb（OH）_2$］
LBL9#	朱砂（HgS）、黑辰砂（HgS）
LBL10#	铅白［$PbCO_3 \cdot Pb（OH）_2$］、白铅矿（$PbCO_3$）、一氧化铅（PbO）

续表

样品号	检测成果
LBL11#	方解石（$CaCO_3$）
LBL12#	氯铜矿［$Cu_2Cl(OH)_3$］
LBL13#	白铅矿（$PbCO_3$）、铅白［$PbCO_3·Pb(OH)_2$］、朱砂（HgS）、黑辰砂（HgS）
LBL14#	方解石（$CaCO_3$）、雌黄（As_2S_3）、三氧化二砷（As_2O_3）
LBL15#	白铅矿（$PbCO_3$）、铅白［$PbCO_3·Pb(OH)_2$］、氯铜矿［$Cu_2Cl(OH)_3$］
LBL16#	青金石［$Na_6Ca_2Al_6Si_6O_{24}(SO_4)_2$］
LBL17#	白铅矿（$PbCO_3$）、铅白［$PbCO_3·Pb(OH)_2$］、蓝铜矿［$Cu_3(CO_3)_2(OH)_2$］、（PbO_2）
LBL18#	铅丹（Pb_3O_4）、朱砂（HgS）、黑辰砂（HgS）
LBL19#	石英（SiO_2）、土黄（$\alpha\text{-}FeOOH$）、钠长石（$NaAlSi_3O_8$）
LBL20#	白铅矿（$PbCO_3$）、铅白［$PbCO_3·Pb(OH)_2$］

附录 C　模拟实验 XRF 分析结果

实验编号：1#朱砂+土红、2#石绿+铅白、3#石绿、4#雄黄、5#石青、6#铅丹、7#土红、8#群青+铅白、9#朱砂、10#铅白、11#花青、12#氯铜矿、13#朱砂+铅白、14#石黄、15#氯铜矿+铅白、16#群青、17#石青+铅白、18#朱砂+铅丹、19#土黄、20#花青+铅白。

1. 高温高湿紫外光模拟实验 XRF 分析结果表（Wsg=高温高湿紫外光）

样品号	元素含量/%										
	Hg	Fe	Ca	S	Si	Ba	Pb	Cu	As	Cl	K
Wsg1#	41.3	25.7	16.5	10.2	3.4	2.9	—	—	—	—	—
Wsg1#-72	40.1	29.0	16.7	8.6	2.8	2.9	—	—	—	—	—
Wsg1#-144	42.4	26.7	16.2	9.0	3.0	2.7	—	—	—	—	—
Wsg1#-216	39.2	27.2	17.2	10.2	3.2	3.0	—	—	—	—	—
Wsg1#-288	38.2	26.5	19.4	11.9	4.1	—	—	—	—	—	—
Wsg1#-360	37.8	26.7	20.2	10.6	4.7	—	—	—	—	—	—
Wsg1#-432	41.6	26.1	17.4	9.6	2.7	2.5	—	—	—	—	—
Wsg1#-504	37.9	26.5	18.8	10.4	3.4	3.0	—	—	—	—	—

续表

样品号	元素含量 /%										
	Hg	Fe	Ca	S	Si	Ba	Pb	Cu	As	Cl	K
Wsg1 # -576	38.7	26.9	17.7	10.6	3.2	2.9	—	—	—	—	—
Wsg1 # -648	42.5	25.2	17.0	9.4	3.0	2.7	—	—	—	—	—
Wsg2 #	—	—	—	—	—	—	44.5	55.5	—	—	—
Wsg2 # -72	—	—	—	—	—	—	44.8	55.2	—	—	—
Wsg2 # -144	—	—	—	—	—	—	45.5	54.5	—	—	—
Wsg2 # -216	—	—	—	—	—	—	46.4	53.6	—	—	—
Wsg2 # -288	—	—	—	—	—	—	44.6	55.4	—	—	—
Wsg2 # -360	—	—	—	—	—	—	44.6	55.4	—	—	—
Wsg2 # -432	—	—	—	—	—	—	45.4	54.6	—	—	—
Wsg2 # -504	—	—	—	—	—	—	45.2	54.8	—	—	—
Wsg2 # -576	—	—	—	—	—	—	45.9	54.1	—	—	—
Wsg2 # -648	—	—	—	—	—	—	46.4	53.6	—	—	—
Wsg3 #	—	0.4	0.2	—	—	—	—	99.4	—	—	—
Wsg3 # -72	—	—	0.1	—	2.8	—	—	97.1	—	—	—
Wsg3 # -144	—	—	0.2	—	3.1	—	—	96.7	—	—	—
Wsg3 # -216	—	—	0.2	—	—	—	—	99.8	—	—	—
Wsg3 # -288	—	—	0.2	—	2.7	—	—	97.1	—	—	—
Wsg3 # -360	—	—	0.2	—	3.2	—	—	96.6	—	—	—
Wsg3 # -432	—	—	—	—	2.6	—	—	97.4	—	—	—
Wsg3 # -504	—	—	—	—	2.8	—	—	97.2	—	—	—
Wsg3 # -576	—	—	—	—	2.6	—	—	97.4	—	—	—
Wsg3 # -648	—	—	—	—	2.7	—	—	97.3	—	—	—
Wsg4 #	—	—	—	30.0	—	—	—	—	70.0	—	—
Wsg4 # -72	—	—	—	27.9	—	—	—	—	72.1	—	—
Wsg4 # -144	—	—	0.9	27.6	—	—	—	—	71.5	—	—
Wsg4 # -216	—	—	—	20.6	—	—	—	—	79.4	—	—
Wsg4 # -288	—	—	—	21.3	—	—	—	—	78.8	—	—
Wsg4 # -360	—	—	—	19.4	—	—	—	—	80.6	—	—
Wsg4 # -432	—	—	—	17.2	—	—	—	—	82.8	—	—
Wsg4 # -504	—	—	—	18.9	—	—	—	—	81.1	—	—

续表

样品号	元素含量 /%										
	Hg	Fe	Ca	S	Si	Ba	Pb	Cu	As	Cl	K
Wsg4 # -576	—	—	—	19.3	—	—	—	—	80.7	—	—
Wsg4 # -648	—	—	—	22.7	—	—	—	—	77.3	—	—
Wsg5 #	—	2.0	4.7	—	3.4	—	—	90.0	—	—	—
Wsg5 # -72	—	2.0	4.2	—	2.8	—	—	91.1	—	—	—
Wsg5 # -144	—	—	4.5	—	—	—	—	95.5	—	—	—
Wsg5 # -216	—	2.0	3.9	—	2.5	—	—	91.6	—	—	—
Wsg5 # -288	—	2.0	4.9	—	3.4	—	—	89.6	—	—	—
Wsg5 # -360	—	2.1	4.6	—	3.7	—	—	89.6	—	—	—
Wsg5 # -432	—	2.0	4.4	—	2.8	—	—	90.7	—	—	—
Wsg5 # -504	—	2.0	5.0	—	3.6	—	—	89.4	—	—	—
Wsg5 # -576	—	2.1	4.4	—	2.7	—	—	90.8	—	—	—
Wsg5 # -648	—	2.0	4.2	—	2.4	—	—	91.4	—	—	—
Wsg6 #	—	—	0.3	—	—	—	99.7	—	—	—	—
Wsg6 # -72	—	—	0.4	—	—	—	99.6	—	—	—	—
Wsg6 # -144	—	—	0.4	—	—	—	99.6	—	—	—	—
Wsg6 # -216	—	—	0.1	—	—	—	99.9	—	—	—	—
Wsg6 # -288	—	—	0.4	—	—	—	99.4	0.1	—	—	—
Wsg6 # -360	—	—	0.5	—	—	—	99.4	0.1	—	—	—
Wsg6 # -432	—	—	0.4	—	—	—	99.4	0.1	—	—	—
Wsg6 # -504	—	—	0.5	—	—	—	99.4	0.1	—	—	—
Wsg6 # -576	—	—	0.4	—	—	—	99.4	0.2	—	—	—
Wsg6 # -648	—	—	0.5	—	—	—	99.4	0.1	—	—	—
Wsg7 #	—	72.9	17.4	0.5	9.1	—	—	—	—	—	—
Wsg7 # -72	—	72.4	17.8	0.6	8.7	—	—	—	—	—	0.6
Wsg7 # -144	—	73.2	18.7	—	7.9	—	—	—	—	—	0.2
Wsg7 # -216	—	73.9	17.2	—	8.3	—	—	—	—	—	0.7
Wsg7 # -288	—	80.3	19.7	—	—	—	—	—	—	—	—
Wsg7 # -360	—	80.0	20.0	—	—	—	—	—	—	—	—
Wsg7 # -432	—	73.5	18.8	0.6	7.1	—	—	—	—	—	—
Wsg7 # -504	—	72.2	19.1	0.7	7.4	—	—	—	—	—	0.6

续表

样品号	元素含量 /%										
	Hg	Fe	Ca	S	Si	Ba	Pb	Cu	As	Cl	K
Wsg7 # -576	—	72.9	18.7	0.7	7.1	—	—	—	—	—	0.6
Wsg7 # -648	—	81.0	19.0	—	—	—	—	—	—	—	—
Wsg8 #	—	1.2	—	—	9.1	—	89.7	—	—	—	—
Wsg8 # -72	—	—	1.2	—	9.5	—	88.8	—	—	—	0.5
Wsg8 # -144	—	—	2.0	—	10.9	—	86.6	—	—	—	0.6
Wsg8 # -216	—	1.3	1.4	—	9.6	—	86.9	—	—	—	0.7
Wsg8 # -288	—	—	1.7	—	9.3	—	88.5	—	—	—	0.5
Wsg8 # -360	—	1.4	1.8	—	10.3	—	85.9	—	—	—	0.5
Wsg8 # -432	—	1.4	1.8	—	10.5	—	81.2	—	—	4.6	0.6
Wsg8 # -504	—	1.2	1.5	—	8.6	—	88.3	—	—	—	0.4
Wsg8 # -576	—	1.0	1.6	—	9.9	—	86.9	—	—	—	0.6
Wsg8 # -648	—	1.2	1.6	—	9.4	—	83.3	—	—	4.1	0.5
Wsg9 #	62.7	0.1	12.2	17.7	—	7.2	—	—	—	—	—
Wsg9 # -72	60.6	—	11.5	20.2	—	7.8	—	—	—	—	—
Wsg9 # -144	58.3	—	12.8	20.8	—	8.0	—	0.1	—	—	—
Wsg9 # -216	59.2	—	10.9	22.3	—	7.6	—	—	—	—	—
Wsg9 # -288	51.6	—	12.8	27.9	—	7.8	—	—	—	—	—
Wsg9 # -360	50.8	—	13.2	28.5	—	7.6	—	—	—	—	—
Wsg9 # -432	55.1	—	12.6	24.7	—	7.7	—	—	—	—	—
Wsg9 # -504	59.7	—	12.9	20.0	—	7.4	—	—	—	—	—
Wsg9 # -576	54.3	—	12.0	23.2	1.2	9.0	—	—	—	—	0.4
Wsg9 # -648	55.4	—	13.3	23.0	—	7.9	—	—	—	—	0.3
Wsg10 #	—	—	0.2	—	—	—	99.8	—	—	—	—
Wsg10 # -72	—	—	0.2	—	—	—	99.8	—	—	—	—
Wsg10 # -144	—	—	0.2	—	—	—	99.8	—	—	—	—
Wsg10 # -216	—	—	0.2	—	—	—	99.8	—	—	—	—
Wsg10 # -288	—	—	0.2	—	—	—	99.8	—	—	—	—
Wsg10 # -360	—	—	0.1	—	—	—	99.9	—	—	—	—
Wsg10 # -432	—	—	0.2	—	—	—	99.8	—	—	—	—
Wsg10 # -504	—	—	0.2	—	—	—	99.8	—	—	—	—

续表

样品号	元素含量 /%										
	Hg	Fe	Ca	S	Si	Ba	Pb	Cu	As	Cl	K
Wsg10＃-576	—	—	0.2	—	—	—	99.8	—	—	—	—
Wsg10＃-648	—	—	0.2	—	—	—	99.8	—	—	—	—
Wsg11＃	—	1.9	93.3	3.9	—	—	—	—	—	—	0.9
Wsg11＃-72	—	1.8	91.5	3.5	—	—	—	2.1	—	—	1.2
Wsg11＃-144	—	—	93.9	4.8	—	—	—	—	—	—	1.373
Wsg11＃-216	—	—	97.1	2.9	—	—	—	—	—	—	—
Wsg11＃-288	—	1.8	92.3	3.7	—	—	—	1.6	—	—	0.6
Wsg11＃-360	—	1.0	93.1	4.0	—	—	—	1.3	—	—	0.7
Wsg11＃-432	—	—	93.5	3.9	—	—	—	1.9	—	—	0.8
Wsg11＃-504	—	—	93.3	3.9	—	—	—	2.0	—	—	0.9
Wsg11＃-576	—	2.4	91.4	3.5	—	—	—	2.2	—	—	0.5
Wsg11＃-648	—	—	94.8	4.0	—	—	—	0.2	—	—	1.0
Wsg12＃	—	—	—	0.3	—	—	—	85.7	—	14.0	—
Wsg12＃-72	—	—	—	0.5	—	—	—	85.8	—	13.7	—
Wsg12＃-144	—	—	—	—	—	—	—	85.9	—	14.1	—
Wsg12＃-216	—	—	—	—	—	—	—	85.8	—	14.2	—
Wsg12＃-288	—	—	—	—	—	—	—	81.4	—	18.6	—
Wsg12＃-360	—	—	—	—	—	—	—	83.4	—	16.6	—
Wsg12＃-432	—	—	—	—	—	—	—	85.2	—	14.8	—
Wsg12＃-504	—	—	—	—	—	—	—	84.9	—	15.1	—
Wsg12＃-576	—	—	—	—	—	—	—	84.7	—	15.3	—
Wsg12＃-648	—	—	—	—	—	—	—	85.7	—	14.3	—
Wsg13＃	0.5	—	5.3	—	—	4.1	90.1	—	—	—	—
Wsg13＃-72	23.8	—	4.0	—	—	2.2	70.0	—	—	—	—
Wsg13＃-144	24.5	—	4.5	—	—	2.8	68.2	—	—	—	—
Wsg13＃-216	0.4	—	6.6	26.5	—	4.9	61.6	—	—	—	—
Wsg13＃-288	24.0	—	4.5	—	—	2.9	68.7	—	—	—	—
Wsg13＃-360	13.3	—	5.7	—	—	3.9	77.1	—	—	—	—
Wsg13＃-432	0.4	—	6.6	—	—	5.1	88.0	—	—	—	—
Wsg13＃-504	14.0	—	6.6	—	—	3.9	75.5	—	—	—	—

样品号	元素含量 /%										
	Hg	Fe	Ca	S	Si	Ba	Pb	Cu	As	Cl	K
Wsg13 # -576	24.2	—	4.7	—	—	3.6	67.4	—	—	—	—
Wsg13 # -648	23.7	—	5.2	—	—	3.9	67.3	—	—	—	—
Wsg14 #	—	—	—	31.1	—	—	—	—	68.9	—	—
Wsg14 # -72	—	—	2.2	40.6	—	—	—	—	57.3	—	—
Wsg14 # -144	—	0.1	1.5	37.3	—	—	—	—	61.0	—	—
Wsg14 # -216	—	0.1	—	39.2	—	—	—	—	60.6	—	—
Wsg14 # -288	—	—	1.5	33.1	—	—	—	—	65.4	—	—
Wsg14 # -360	—	—	1.9	35.5	—	—	—	—	62.7	—	—
Wsg14 # -432	—	—	1.9	32.3	—	—	—	—	65.8	—	—
Wsg14 # -504	—	—	1.8	34.7	—	—	—	—	63.5	—	—
Wsg14 # -576	—	—	1.3	27.7	—	—	—	—	71.0	—	—
Wsg14 # -648	—	—	2.1	32.7	—	—	—	—	65.3	—	—
Wsg15 #	—	—	—	—	—	—	42.8	50.4	—	6.7	—
Wsg15 # -72	—	—	—	—	—	—	46.1	47.6	—	6.3	—
Wsg15 # -144	—	—	—	—	—	—	40.0	51.3	—	8.6	—
Wsg15 # -216	—	—	—	—	—	—	42.2	51.1	—	6.7	—
Wsg15 # -288	—	—	—	—	—	—	39.5	49.6	—	10.9	—
Wsg15 # -360	—	—	—	—	—	—	39.2	49.1	—	11.7	—
Wsg15 # -432	—	—	—	—	—	—	43.0	49.6	—	7.4	—
Wsg15 # -504	—	—	—	—	—	—	39.9	49.2	—	10.9	—
Wsg15 # -576	—	—	—	—	—	—	43.7	49.6	—	6.7	—
Wsg15 # -648	—	—	—	—	—	—	39.3	44.8	—	15.8	—
Wsg16 #	—	3.6	6.8	48.2	32.7	—	4.8	—	—	—	3.9
Wsg16 # -72	—	3.5	7.0	48.1	32.9	—	4.3	—	—	—	4.1
Wsg16 # -144	—	2.6	5.5	48.0	31.2	—	9.6	—	—	—	3.1
Wsg16 # -216	—	2.8	5.6	48.0	30.5	—	10.1	—	—	—	3.1
Wsg16 # -288	—	2.8	5.8	42.4	30.7	—	—	—	—	11.9	6.4
Wsg16 # -360	—	2.3	5.8	42.2	32.6	—	—	—	—	12.2	4.8
Wsg16 # -432	—	2.8	6.4	43.7	29.3	—	—	—	—	9.9	8.0
Wsg16 # -504	—	3.1	6.3	45.1	29.5	—	—	—	—	9.2	6.8

样品号	元素含量 /%										
	Hg	Fe	Ca	S	Si	Ba	Pb	Cu	As	Cl	K
Wsg16＃－576	—	4.5	7.5	45.3	29.2	—	—	—	—	5.0	8.5
Wsg16＃－648	—	2.4	5.9	42.7	30.0	—	—	—	—	9.8	9.2
Wsg17＃	—	1.5	2.7	—	—	—	41.9	53.9	—	—	—
Wsg17＃－72	—	1.5	2.9	—	—	—	43.2	52.4	—	—	—
Wsg17＃－144	—	1.5	3.2	—	—	—	41.6	53.7	—	—	—
Wsg17＃－216	—	1.5	3.1	—	—	—	41.1	54.3	—	—	—
Wsg17＃－288	—	1.5	3.0	—	—	—	42.5	53.0	—	—	—
Wsg17＃－360	—	1.5	2.8	—	—	—	43.0	52.7	—	—	—
Wsg17＃－432	—	1.5	3.0	—	—	—	41.5	54.0	—	—	—
Wsg17＃－504	—	1.5	3.0	—	—	—	43.0	52.5	—	—	—
Wsg17＃－576	—	1.5	2.9	—	—	—	41.6	54.0	—	—	—
Wsg17＃－648	—	1.6	3.4	—	—	—	40.0	55.1	—	—	—
Wsg18＃	6.9	—	1.7	—	—	—	91.3	—	—	—	—
Wsg18＃－72	3.3	—	2.0	2.8	—	—	91.9	—	—	—	—
Wsg18＃－144	—	—	—	—	—	1.5	98.4	—	—	—	—
Wsg18＃－216	6.7	—	2.1	—	—	—	91.1	—	—	—	—
Wsg18＃－288	7.6	—	2.4	—	—	—	90.0	—	—	—	—
Wsg18＃－360	7.0	—	2.4	—	—	—	90.6	—	—	—	—
Wsg18＃－432	0.2	—	2.0	—	—	1.8	96.0	—	—	—	—
Wsg18＃－504	0.3	—	2.4	—	—	2.3	95.1	—	—	—	—
Wsg18＃－576	7.7	—	1.7	—	—	1.4	89.3	—	—	—	—
Wsg18＃－648	7.0	—	1.7	—	—	1.6	89.7	—	—	—	—
Wsg19＃	—	36.9	11.0	—	36.8	9.6	—	—	—	—	5.7
Wsg19＃－72	—	34.1	11.8	—	38.4	9.8	—	0.2	—	—	5.6
Wsg19＃－144	—	45.7	11.9	—	36.6	—	—	—	—	—	5.8
Wsg19＃－216	—	32.0	11.9	0.5	39.1	10.6	—	—	—	—	5.7
Wsg19＃－288	—	35.6	14.5	—	40.9	—	—	—	—	—	6.8
Wsg19＃－360	—	39.6	13.4	—	38.3	—	—	—	—	—	6.5
Wsg19＃－432	—	45.8	13.2	—	34.7	—	—	—	—	—	6.3
Wsg19＃－504	—	42.7	14.6	—	36.1	—	—	—	—	—	6.6

续表

样品号	元素含量/%										
	Hg	Fe	Ca	S	Si	Ba	Pb	Cu	As	Cl	K
Wsg19 # −576	—	41.8	15.4	—	35.7	—	—	—	—	—	7.1
Wsg19 # −648	—	44.4	13.4	—	35.7	—	—	—	—	—	6.5
Wsg20 #	—	—	5.1	—	—	—	94.9	—	—	—	—
Wsg20 # −72	—	—	6.3	—	—	—	93.7	—	—	—	—
Wsg20 # −144	—	—	4.9	—	—	—	95.1	—	—	—	—
Wsg20 # −216	—	—	4.9	—	—	—	95.1	—	—	—	—
Wsg20 # −288	—	—	5.0	—	—	—	95.0	—	—	—	—
Wsg20 # −360	—	—	5.2	—	—	—	94.8	—	—	—	—
Wsg20 # −432	—	—	5.8	—	—	—	94.2	—	—	—	—
Wsg20 # −504	—	—	5.4	—	—	—	94.6	—	—	—	—
Wsg20 # −576	—	—	5.6	—	—	—	94.4	—	—	—	—
Wsg20 # −648	—	—	5.7	—	—	—	94.3	—	—	—	—

注：一表示没有该元素含量，下文同。

2. 单色颜料高温高湿、高湿常温实验 XRF 分析结果表（Wx= 高温高湿，Gs= 高湿常温）

样品号	元素含量 / %											
	Hg	Fe	Ca	S	Si	Al	Pb	Cu	As	Cl	K	Ba
Wx1 #	37.5	23.9	17.3	12.4	3.9	—	—	—	—	—	—	3.0
Wx3 #	—	—	—	—	3.8	—	—	96.3	—	—	—	—
Wx4 #	—	—	—	32.1		—	—	—	67.9	—	—	—
Wx5 #	—	2.0	5.3	0.5	3.3	—	—	88.9	—	—	—	—
Wx6 #	—	—	0.4	—	—	—	99.6	—	—	—	—	—
Wx7 #	—	75.1	18.8	0.7	6.6	—	—	—	—	—	—	—
Wx9 #	58.0	—	13.7	19.8	1.4	—	—	—	—	—	—	7.0
Wx11 #	—	1.2	94.4	4.4	—	—	—	—	—	—	—	—
Wx12 #	—	—	0.1	—	—	—	—	82.0	—	17.9	—	—
Wx14 #	—	—	—	43.1	—	—	—	56.9	—	—	—	—
Wx16 #	—	1.9	5.0	39.6	31.9	11.9	—	—	—	—	8.7	—
Wx18 #	7.9	—	2.1	2.9	—	—	87.1	—	—	—	—	—

样品号	元素含量 / %											
	Hg	Fe	Ca	S	Si	Al	Pb	Cu	As	Cl	K	Ba
Wx19 #	—	32.5	12.2	—	41.2	8.5	—	—	—	—	5.6	—
Gs1 #	40.4	26.6	15.5	11.2	2.3	—	—	—	—	—	—	4.0
Gs3 #	—	—	—	—	2.8	—	—	97.2	—	—	—	—
Gs4 #	—	—	—	33.3	—	—	—	—	66.7	—	—	—
Gs5 #	—	2.3	3.1	—	3.6	—	—	91.0	—	—	—	—
Gs6 #	—	—	0.3	—	—	—	99.7	—	—	—	—	—
Gs7 #	—	76.3	16.7	0.7	6.3	—	—	—	—	—	—	—
Gs9 #	59.1	—	10.4	20.4	1.6	—	—	—	—	—	—	8.4
Gs11 #	—	1.4	95.1	3.6	—	—	—	—	—	—	—	—
Gs12 #	—	—	—	—	—	—	—	82.6	—	17.4	—	—
Gs14 #	—	—	1.1	42.5	—	—	—	—	56.3	—	—	—
Gs16 #	—	2.6	4.9	43.2	30.0	11.6	—	—	—	—	7.6	—
Gs18 #	8.2	—	2.6	2.6	—	—	86.6	—	—	—	—	—
Gs19 #	—	45.6	15.2	—	33.6	—	—	—	—	—	5.5	—

3. 二色颜料常温常湿、高温高湿和高湿常温实验 XRF 分析结果表
（Ec= 常温常湿，Eg= 高温高湿，Gscw= 高湿常温）

样品号	元素含量 / %										
	Hg	Fe	Ca	S	Si	Cl	Pb	Cu	Al	Ba	K
Ec10 #	—	—	0.2	—	—	—	99.8	—	—	—	—
Ec13 #	24.0	—	4.6	—	—	—	68.7	—	—	2.7	—
Ec8 #	—	1.4	1.8	—	10.4	—	81.1	—	4.8	—	0.5
Ec2 #	—	—	—	—	—	—	45.6	54.4	—	—	—
Ec17 #	—	1.5	2.8	—	—	—	42.9	52.8	—	—	—
Ec20 #	—	—	5.0	—	—	—	95.0	—	—	—	—
Eg2 #	—	—	—	—	—	—	46.9	53.1	—	—	—
Eg20 #	—	—	5.4	—	—	—	94.4	0.2	—	—	—
Eg17 #	—	1.5	2.8	—	—	—	42.8	53.0	—	—	—
Eg8 #	—	1.4	1.5	—	10.1	—	86.1	—	—	—	1.0

续表

样品号	元素含量/%										
	Hg	Fe	Ca	S	Si	Cl	Pb	Cu	Al	Ba	K
Eg15 #	—	—	—	—	—	6.4	43.9	49.6	—	—	—
Eg13 #	24.2	—	4.8	—	—	—	67.9	—	—	3.1	—
Eg10 #	—	—	—	—	—	—	100.0	—	—	—	—
Gscw13 #	23.4	0.2	4.7	—	—	—	68.3	—	—	3.3	—
Gscw15 #	—	—	—	—	—	13.9	39.2	46.9	—	—	—
Gscw10 #	—	—	—	—	—	—	100.0	—	—	—	—
Gscw8 #	—	0.1	1.0	—	11.5	—	86.5	—	—	—	0.9
Gscw20 #	—	0.2	5.7	—	—	—	94.0	0.2	—	—	—
Gscw17 #	—	1.5	3.3	—	—	—	42.9	52.4	—	—	—
Gscw2 #	—	—	—	—	—	—	44.1	55.9	—	—	—

4. 常温常湿与二氧化硫反应实验 XRF 分析结果表（Cws= 常温常湿与二氧化硫反应）

样品号	元素含量/%										
	Hg	Fe	Ca	S	Si	Al	Pb	Cu	As	Ba	K
Cws1 #	35.6	26.7	18.8	15.9	—	—	—	—	—	3.0	—
Cws2 #	—	—	—	—	—	—	55.4	44.6	—	—	—
Cws3 #	—	—	—	5.0	—	—	—	95.0	—	—	—
Cws4 #											
Cws5 #	—	1.9	3.8	12.5	—	—	—	81.6	—	—	—
Cws6 #	—	—	0.4	—	—	—	99.5	0.1	—	—	—
Cws7 #	—	78.4	18.6	2.9	—	—	—	—	—	—	—
Cws8 #	—	0.9	4.6	—	—	—	94.5	—	—	—	—
Cws9 #	53.5	—	14.8	24.7	—	—	—	—	—	7.1	—
Cws10 #	—	—	0.4	—	—	—	99.6	—	—	—	—
Cws11 #	—	1.1	67.1	31.0	—	—	—	0.8	—	—	—
Cws12 #	—	—	—	14.4	—	—	—	85.6	—	—	—
Cws13 #	19.7	—	7.5	4.4	—	—	66.5	—	—	7.7	—
Cws14 #	—	—	1.5	39.4	—	—	—	—	59.0	—	—

样品号	元素含量/%										
	Hg	Fe	Ca	S	Si	Al	Pb	Cu	As	Ba	K
Cws15 #	—	—	0.4	—	—	—	51.0	48.6	—	—	—
Cws16 #	—	1.9	4.9	93.2	—	—	—	—	—	—	—
Cws17 #	—	1.3	2.8	—	—	—	54.4	41.6	—	—	—
Cws18 #	7.0	—	2.3	7.3	—	—	83.4	—	—	—	—
Cws19 #	—	37.7	12.9	2.8	38.6	—	—	—	—	—	—
Cws20 #	—	—	8.8	—	—	—	90.8	0.3	—	—	—

5. 高温高湿与二氧化硫反应实验 XRF 分析结果表（Gws= 高温高湿与二氧化硫反应）

样品号	元素含量/%										
	Hg	Fe	Ca	S	Si	Cl	Pb	Cu	As	Ba	K
Gws1 #	38.0	25.0	15.1	14.7	4.267	—	—	—	—	2.881	—
Gws2 #	—	—	—	—	—	—	52.6	47.4	—	—	—
Gws3 #	—	—	—	6.8	—	—	—	93.2	—	—	—
Gws4 #	—	—	—	31.9	—	—	—	—	68.1	—	—
Gws5 #	—	1.7	3.8	10.1	—	—	—	80.1	—	—	4.2
Gws6 #	—	—	0.3	—	—	10.1	89.6	—	—	—	—
Gws7 #	—	67.6	18.2	5.3	8.9	—	—	—	—	—	—
Gws8 #	—	0.7	3.7	—	27.3	—	68.3	—	—	—	—
Gws9 #	56.1	0.1	17.0	25.3	1.4	—	—	—	—	—	—
Gws10 #	—	—	0.4	—	—	—	99.6	—	—	—	—
Gws11 #	—	1.1	64.3	28.7	—	—	—	0.9	—	—	—
Gws12 #	—	—	—	13.8	—	12.4	—	73.8	—	—	—
Gws13 #	12.7	—	10.7	3.0	—	—	73.6	—	—	—	—
Gws14 #	—	—	1.5	35.3	—	—	—	—	63.2	—	—
Gws15 #	—	—	—	—	—	5.9	29.0	65.0	—	—	—
Gws16 #	—	2.1	5.9	64.2	25.6	—	—	—	—	—	2.2
Gws17 #	—	—	1.4	5.6	—	—	46.3	46.6	—	—	—
Gws18 #	7.4	—	0.6	3.2	—	—	88.8	—	—	—	—
Gws19 #	—	36.5	13.1	5.6	34.3	—	—	—	—	—	8.9
Gws20 #	—	—	8.9	6.0	—	—	84.8	0.3	—	—	—

6. 单色颜料保护后 XRF 分析表（Bd= 单色颜料保护后）

样品号	元素含量 / %										
	Hg	Fe	Ca	S	Si	Cl	Pb	Cu	As	Ba	K
Bd11 #	—	1.5	90.1	3.2	2.0	—	—	2.4	—	—	0.7
Bd18 #	7.8	—	2.0	—	—	—	88.6	—	—	1.5	
Bd14 #	—	—	2.0	32.0	—	—	—	—	66.0	—	
Bd16 #	—	5.0	9.2	49.9	27.0	—	—	—	—	—	8.9
Bd12 #	—	—	—	—	—	13.9	—	86.1	—	—	
Bd3 #	—	—	—	1.1	—	—	—	98.9	—	—	
Bd19 #	—	49.4	14.9	2.8	26.2	—	—	—	—	—	6.7
Bd1 #	37.5	28.4	19.5	7.7	3.1	—	—	—	—	3.2	0.5
Bd5 #	—	2.0	4.0	0.8	—	—	—	93.2	—	—	
Bd4 #	—	—	0.8	18.9	—	—	—	—	—	80.3	
Bd7 #	—	76.4	17.6	1.2	4.2	—	—	—	—	—	0.5
Bd6 #	—	—	—	—	—	—	100.0	—	—	—	
Bd9 #	59.7	—	11.5	18.4	1.3	—	—	—	—	9.2	—

7. 二色颜料保护后 XRF 分析表（B= 二色颜料保护后，BL= 二色颜料保护后再老化）

样品号	元素含量 / %										
	Hg	Fe	Ca	S	Si	Cl	Pb	Cu	Al	Ba	K
B10 #	—	—	0.3	—	—	—	99.7	—	—	—	
B8 #	—	—	1.7	—	7.3	—	90.4	—	—	—	0.6
B20 #	—	—	6.4	—	—	—	93.3	0.3	—	—	
B2 #	—	—	—	—	—	—	44.0	56.0	—	—	
B17 #	—	1.4	2.8	—	—	—	43.9	51.9	—	—	
B15 #	—	—	—	—	—	7.1	45.3	47.6	—	—	
B13 #	24.6	0.2	6.0	—	—	—	65.5	—	—	3.7	
BL8 #	—	1.1	1.3	22.6	6.3	—	68.4	—	—	—	0.4
BL17 #	—	1.5	2.5	—	—	—	44.2	51.8	—	—	
BL13 #	23.2	—	5.4	—	—	—	68.0	—	—	3.3	
BL15 #	—	—	—	—	—	7.2	42.0	50.7	—	—	
BL10 #	—	—	0.3	—	—	—	99.7	—	—	—	
BL2 #	—	—	—	—	—	—	45.4	54.6	—	—	
BL20 #	—	—	6.6	—	—	—	93.2	0.3	—	—	

附录 D　高温高湿紫外光模拟实验色差表

颜料名称及样品			老化时间/h								
			72	144	216	288	360	432	504	576	648
红色颜料	朱砂	原 L46.59	ΔL0.97	ΔL0.08	ΔL2.19	ΔL2.08	ΔL2.31	ΔL2.92	ΔL3.91	ΔL4.31	ΔL4.23
		原 a39.92	Δa1.43	Δa2.17	Δa2.06	Δa2.14	Δa2.29	Δa2.83	Δa1.18	Δa2.82	Δa3.51
		原 b23.82	Δb-0.42	Δb-0.16	Δb1.33	Δb1.83	Δb1.88	Δb0.64	Δb1.22	Δb2.33	Δb1.15
			ΔE1.78	ΔE2.18	ΔE3.29	ΔE3.50	ΔE3.76	ΔE4.12	ΔE4.26	ΔE5.65	ΔE5.61
	铅丹	原 L56.36	ΔL2.03	ΔL1.83	ΔL1.80	ΔL0.75	ΔL-0.41	ΔL0.63	ΔL0.92	ΔL1.05	ΔL0.56
		原 a47.27	Δa0.56	Δa-0.73	Δa1.73	Δa-1.52	Δa-2.03	Δa-1.64	Δa-2.02	Δa-1.62	Δa-0.93
		原 b52.61	Δb-0.06	Δb-3.06	Δb3.38	Δb-0.93	Δb-3.26	Δb-2.02	Δb-2.23	Δb-2.27	Δb-2.41
			ΔE2.10	ΔE3.64	ΔE4.20	ΔE1.93	ΔE3.86	ΔE2.68	ΔE3.15	ΔE2.98	ΔE2.64
	土红	原 L31.79	ΔL-0.21	ΔL-2.18	ΔL-3.02	ΔL-3.02	ΔL-2.69	ΔL-1.93	ΔL-1.45	ΔL-2.53	ΔL-2.06
		原 a15.21	Δa0.79	Δa1.40	Δa2.38	Δa0.87	Δa-1.91	Δa0.06	Δa0.07	Δa-0.73	Δa-0.72
		原 b11.53	Δb0.39	Δb0.65	Δb1.20	Δb0.15	Δb1.02	Δb-2.31	Δb-2.82	Δb-1.71	Δb-2.43
			ΔE0.91	ΔE2.67	ΔE4.03	ΔE3.15	ΔE3.45	ΔE3.01	ΔE3.17	ΔE3.14	ΔE3.27
蓝色颜料	花青	原 L27.14	ΔL0.39	ΔL1.88	ΔL2.44	ΔL-5.21	ΔL-6.41	ΔL-4.53	ΔL-5.82	ΔL-4.05	ΔL-4.51
		原 a0.63	Δa0.01	Δa-0.11	Δa-0.14	Δa1.17	Δa1.93	Δa-2.81	Δa0.57	Δa-0.92	Δa-1.38
		原 b-2.24	Δb0.75	Δb1.66	Δb0.93	Δb0.06	Δb-0.52	Δb2.72	Δb-0.93	Δb0.26	Δb1.37
			ΔE0.82	ΔE2.21	ΔE2.61	ΔE5.34	ΔE6.71	ΔE5.98	ΔE5.92	ΔE4.16	ΔE4.91
	石青	原 L42.47	ΔL-0.18	ΔL-0.43	ΔL-1.26	ΔL-2.52	ΔL-2.64	ΔL-2.45	ΔL-3.84	ΔL-3.36	ΔL-3.53
		原 a-3.03	Δa-0.22	Δa-0.23	Δa-0.59	Δa0.07	Δa0.09	Δa-0.28	Δa0.17	Δa-0.73	Δa-0.84
		原 b-37.37	Δb1.19	Δb1.28	Δb1.51	Δb2.96	Δb3.97	Δb3.90	Δb3.61	Δb4.23	Δb5.22
			ΔE1.22	ΔE1.37	ΔE2.06	ΔE3.89	ΔE4.77	ΔE4.61	ΔE5.27	ΔE5.45	ΔE6.35
	群青	原 L31.65	ΔL0.01	ΔL-0.09	ΔL-0.06	ΔL-0.33	ΔL0.11	ΔL-0.56	ΔL-0.63	ΔL-0.27	ΔL0.34
		原 a24.74	Δa-0.59	Δa-0.81	Δa-1.05	Δa-0.72	Δa-1.21	Δa0.93	Δa0.05	Δa0.87	Δa-0.38
		原 b-59.81	Δb0.22	Δb0.44	Δb0.72	Δb0.80	Δb0.03	Δb0.08	Δb0.66	Δb0.52	Δb1.09
			ΔE0.63	ΔE0.93	ΔE1.27	ΔE1.13	ΔE1.22	ΔE1.09	ΔE0.91	ΔE1.05	ΔE1.22

续表

颜色颜料	颜料名称及样品	原	72	144	216	288	360	432	504	576	648
绿色颜料	石绿	原L54.51	ΔL0.99	ΔL-0.17	ΔL1.23	ΔL1.71	ΔL-2.23	ΔL-2.31	ΔL-2.62	ΔL-2.40	ΔL-2.51
		原a-26.66	Δa-0.61	Δa-1.26	Δa-1.06	Δa-0.21	Δa0.08	Δa0.09	Δa-0.08	Δa-0.76	Δa0.28
		原b9.29	Δb-0.14	Δb0.09	Δb0.02	Δb0.53	Δb0.09	Δb0.92	Δb0.96	Δb1.61	Δb0.63
			ΔE1.18	ΔE1.27	ΔE1.62	ΔE1.80	ΔE2.23	ΔE2.49	ΔE2.79	ΔE2.99	ΔE2.60
	氯铜矿	原L47.95	ΔL0.24	ΔL0.02	ΔL-1.33	ΔL-2.53	ΔL-3.51	ΔL-2.52	ΔL-2.61	ΔL-2.44	ΔL-2.91
		原a-37.02	Δa0.49	Δa1.05	Δa0.68	Δa0.97	Δa0.82	Δa0.27	Δa0.56	Δa0.97	Δa0.08
		原b10.40	Δb0.08	Δb0.09	Δb1.24	Δb-0.31	Δb0.41	Δb-0.33	Δb0.08	Δb0.32	Δb0.15
			ΔE0.55	ΔE1.05	ΔE1.94	ΔE2.73	ΔE3.63	ΔE2.56	ΔE2.67	ΔE2.65	ΔE2.91
橙红色颜料	朱砂+铅丹	原L54.36	ΔL-0.68	ΔL-0.88	ΔL-0.47	ΔL-2.73	ΔL-3.21	ΔL-1.66	ΔL-2.13	ΔL-1.17	ΔL-1.73
		原a46.99	Δa0.03	Δa0.33	Δa-0.69	Δa-0.21	Δa-0.43	Δa-2.02	Δa-2.20	Δa-2.19	Δa-2.35
		原b46.68	Δb-0.08	Δb-0.95	Δb-1.45	Δb-0.76	Δb0.35	Δb-2.41	Δb-2.34	Δb-2.61	Δb-2.53
			ΔE0.68	ΔE1.34	ΔE1.67	ΔE2.84	ΔE3.27	ΔE3.56	ΔE3.85	ΔE3.60	ΔE3.86
	土红+朱砂	原L32.98	ΔL0.17	ΔL-0.15	ΔL0.69	ΔL-3.56	ΔL-3.80	ΔL-2.53	ΔL-2.25	ΔL-2.51	ΔL-2.90
		原a22.72	Δa0.80	Δa-1.38	Δa-2.54	Δa-1.72	Δa-0.61	Δa-2.60	Δa-1.85	Δa-2.23	Δa-1.66
		原b14.11	Δb-0.78	Δb-1.15	Δb-1.71	Δb-0.84	Δb-1.72	Δb-1.49	Δb-1.62	Δb-1.88	Δb-2.32
			ΔE1.13	ΔE1.80	ΔE3.74	ΔE4.04	ΔE4.22	ΔE3.92	ΔE3.33	ΔE3.85	ΔE4.07
黄色颜料	石黄	原L76.63	ΔL0.42	ΔL0.83	ΔL0.49	ΔL-0.15	ΔL-2.70	ΔL-0.43	ΔL-1.23	ΔL1.07	ΔL-1.34
		原a3.89	Δa0.49	Δa-0.50	Δa-0.54	Δa-0.21	Δa-0.23	Δa0.96	Δa0.77	Δa0.73	Δa1.45
		原b63.91	Δb0.81	Δb0.79	Δb1.80	Δb2.43	Δb0.16	Δb1.92	Δb1.68	Δb2.31	Δb2.42
			ΔE1.03	ΔE1.25	ΔE1.94	ΔE2.44	ΔE2.71	ΔE2.19	ΔE2.22	ΔE2.65	ΔE3.12
	雄黄	原L64.11	ΔL-1.20	ΔL-1.48	ΔL-1.20	ΔL-0.81	ΔL-2.19	ΔL-2.22	ΔL-1.88	ΔL-2.71	ΔL-1.73
		原a31.20	Δa-2.17	Δa-2.06	Δa-1.85	Δa-1.52	Δa-0.23	Δa3.32	Δa0.92	Δa1.85	Δa1.96
		原b56.73	Δb0.09	Δb1.22	Δb4.61	Δb5.41	Δb5.70	Δb2.70	Δb4.63	Δb3.11	Δb3.60
			ΔE2.55	ΔE2.81	ΔE5.11	ΔE5.68	ΔE6.11	ΔE4.82	ΔE5.08	ΔE4.52	ΔE4.45
	土黄	原L59.16	ΔL0.37	ΔL0.90	ΔL0.86	ΔL-0.86	ΔL-1.28	ΔL0.45	ΔL-1.08	ΔL-0.83	ΔL1.06
		原a13.07	Δa0.04	Δa0.05	Δa-0.16	Δa0.32	Δa0.60	Δa0.05	Δa0.61	Δa-0.22	Δa0.42
		原b28.01	Δb0.28	Δb0.36	Δb-0.34	Δb0.71	Δb0.73	Δb-1.07	Δb-0.96	Δb1.09	Δb-0.96
			ΔE0.47	ΔE0.97	ΔE0.93	ΔE1.16	ΔE1.59	ΔE1.16	ΔE1.57	ΔE1.39	ΔE1.49

（老化时间/h）

续表

二色颜料	颜料名称及样品	原	老化时间/h 72	144	216	288	360	432	504	576	648
	石绿+铅白	原L66.91	ΔL-3.62	ΔL-4.31	ΔL-5.09	ΔL-5.42	ΔL-5.33	ΔL-5.61	ΔL-5.72	ΔL-5.91	ΔL-6.22
		原a-18.63	Δa-1.17	Δa-0.85	Δa-0.27	Δa-0.86	Δa-1.56	Δa-0.38	Δa-1.13	Δa-1.45	Δa-1.30
		原b3.07	Δb0.94	Δb0.87	Δb1.43	Δb1.80	Δb2.44	Δb1.72	Δb2.03	Δb2.23	Δb2.07
			ΔE3.92	ΔE4.48	ΔE5.29	ΔE5.78	ΔE6.07	ΔE5.88	ΔE6.17	ΔE6.48	ΔE6.68
	群青+铅白	原L38.15	ΔL-0.51	ΔL-0.72	ΔL-0.76	ΔL-1.33	ΔL-0.89	ΔL-0.86	ΔL-0.87	ΔL-1.06	ΔL-0.86
		原a9.72	Δa-0.42	Δa-0.33	Δa-0.82	Δa-0.45	Δa-0.94	Δa-1.12	Δa-1.13	Δa-1.51	Δa-1.43
		原b-50.96	Δb1.07	Δb1.75	Δb2.43	Δb2.11	Δb2.82	Δb3.21	Δb3.22	Δb3.40	Δb3.62
			ΔE1.26	ΔE1.92	ΔE2.68	ΔE2.53	ΔE3.10	ΔE3.51	ΔE3.52	ΔE3.87	ΔE3.99
	铅白	原L91.32	ΔL-2.14	ΔL-2.13	ΔL-3.36	ΔL-3.35	ΔL-4.22	ΔL-4.54	ΔL-5.66	ΔL-6.31	ΔL-5.83
		原a-2.96	Δa0.19	Δa0.33	Δa0.38	Δa0.72	Δa0.67	Δa0.56	Δa0.69	Δa0.67	Δa0.56
		原b-2.08	Δb2.35	Δb2.82	Δb2.33	Δb2.92	Δb1.31	Δb1.58	Δb1.22	Δb0.38	Δb1.32
			ΔE3.18	ΔE3.55	ΔE4.11	ΔE4.50	ΔE4.47	ΔE4.84	ΔE5.83	ΔE6.36	ΔE6.00
	朱砂+铅白	原L53.97	ΔL-3.32	ΔL-4.10	ΔL-4.51	ΔL-4.72	ΔL-5.23	ΔL-4.81	ΔL-4.61	ΔL-5.12	ΔL-5.04
		原a39.52	Δa-0.46	Δa0.25	Δa1.04	Δa1.45	Δa0.88	Δa1.63	Δa1.46	Δa-0.77	Δa0.73
		原b9.96	Δb0.88	Δb-0.76	Δb0.19	Δb0.59	Δb0.55	Δb-0.22	Δb0.09	Δb-0.16	Δb0.18
			ΔE3.47	ΔE4.18	ΔE4.63	ΔE4.97	ΔE5.33	ΔE5.08	ΔE4.84	ΔE5.18	ΔE5.10
	氯铜矿+铅白	原L66.81	ΔL-2.63	ΔL-4.94	ΔL-5.02	ΔL-4.53	ΔL-5.16	ΔL-4.27	ΔL-4.35	ΔL-4.88	ΔL-5.32
		原a-17.07	Δa-2.41	Δa-3.12	Δa-2.69	Δa-3.25	Δa-2.06	Δa-1.73	Δa-2.17	Δa-1.41	Δa-1.62
		原b0.93	Δb1.67	Δb2.08	Δb2.74	Δb2.92	Δb1.73	Δb1.73	Δb1.66	Δb1.18	Δb2.35
			ΔE3.94	ΔE6.20	ΔE6.32	ΔE6.29	ΔE5.82	ΔE4.92	ΔE5.14	ΔE5.21	ΔE6.04
	石青+铅白	原L55.93	ΔL-2.96	ΔL-3.61	ΔL-4.35	ΔL-4.62	ΔL-4.63	ΔL-4.63	ΔL-3.71	ΔL-4.82	ΔL-4.83
		原a-5.61	Δa0.78	Δa0.51	Δa0.23	Δa0.07	Δa-0.14	Δa0.07	Δa-0.43	Δa-0.59	Δa-0.27
		原b-29.12	Δb0.92	Δb-0.46	Δb-0.16	Δb0.81	Δb1.32	Δb0.92	Δb1.26	Δb1.73	Δb0.64
			ΔE3.19	ΔE3.67	ΔE4.36	ΔE4.69	ΔE4.82	ΔE4.72	ΔE3.94	ΔE5.15	ΔE4.88
	花青+铅白	原L40.85	ΔL-3.30	ΔL-3.19	ΔL-3.61	ΔL-4.46	ΔL-3.25	ΔL-2.83	ΔL-2.82	ΔL-3.23	ΔL-2.77
		原a-4.82	Δa0.56	Δa0.32	Δa0.67	Δa0.23	Δa-0.34	Δa0.67	Δa0.18	Δa0.33	Δa1.35
		原b-18.23	Δb1.31	Δb0.62	Δb0.09	Δb-0.45	Δb0.67	Δb0.66	Δb1.83	Δb0.68	Δb0.71
			ΔE3.59	ΔE3.27	ΔE3.67	ΔE4.49	ΔE3.34	ΔE2.98	ΔE3.37	ΔE3.32	ΔE3.16

后　记

　　本书主要由我的博士论文《江苏无地仗建筑彩绘颜料层褪变色及保护对策研究》组成，融入了在此基础上完成的博士后报告《江苏地区传统建筑彩画工艺科学化研究》的部分内容。首先感谢北京科技大学李晓岑教授、中国科学技术大学龚德才教授、东南大学陈薇教授三位导师在选题、研究方法及撰写方面给予的悉心指导。诸位导师严谨的治学态度、谦虚平和的为人，皆为我一生之榜样。

　　书稿的选题和立项来自科技部"中国古代建筑彩画传统工艺科学化与保护技术研究"课题，课题承担单位西安文物保护修复中心为本书的研究工作提供了良好的条件和坚实的保障，马涛、齐扬等老师一直以来的关心、支持和帮助，使我能顺利完成此书。在写作与修订的过程中，北京科技大学冶金与材料史研究所的韩汝玢、孙淑云老师自始至终都给予了细心的指导和不懈的支持，并提出了一系列可行性建议和许多宝贵的修改意见，使之得以最终成稿。两位老师的谆谆教诲让我收获无数，铭记于心，却无以回报，在此谨表达我衷心的感谢。北京科技大学冶金与材料史研究所的梅建军、李延祥、潜伟、李秀辉、章梅芳、陈坤龙、程瑜诸位老师，在研究的实施和写作中提出了许多中肯意见，给予了无私的帮助，实验室的刘建华老师为我的分析研究提供了便利。在此向他们表示深深的感谢！

　　在进行传统工艺的调研等研究工作时，得到了东南大学建筑学院诸位师生的大力支持与热心帮助。感谢朱光亚老师、陈建刚老师的不吝赐教，还要感谢胡石老师和纪立芳博士在调研过程中既给予了热忱的帮助，又与我一同完成了传统工艺的复原实验，对参加无地仗建筑彩绘复原工作的东南大学建筑学院的钱钰等同学也表示谢意。样品的采集工作得到了江苏省常熟市文物管理委员会、苏州市文物管理委员会、江阴市文物管理委员会、无锡市文物管理委员会、泰州市文物管理委员会、吴县市文物管理委员会（2000年12月31日前）、宜兴市文物管理委员会等单位的大力支持和协助。传统工艺的深入了解、模拟复原和模拟样品的制作都离不开顾培根师傅的极力配合，作为彩绘世家的第四代传人，顾培根师傅知无不言，言无不尽，传授技艺毫无保留，让我在研究的诸多方面都有所成长。

在样品的分析检测中，中国文化遗产保护研究院郭宏先生、张治国先生，中国国家博物馆成小林女士，无论在分析方法还是研究思路上都给予了我莫大的支持和帮助，正是他们长期的鼎力相助使我在日渐迷茫的研究中得见曙光，奋力向前，现谨以最朴实的话语致以最崇高的敬意。同时，对南京师范大学李刚老师、中国科学技术大学田建花博士、师弟张然在分析检测方面给予的帮助也深表谢意。

在研究期间，南京博物院的龚良院长、黄鲁闽（原副院长）、王奇志副院长等院领导一直关怀鼓励，使我无后顾之忧，得以安心于研究工作。同事张鲁、范陶峰在资料的收集方面给予了帮助，张金萍、郑东青、杨毅、陈潇俐、杨隽永等同事为模拟样品制作、模拟实验开展提供了便利。师弟李博博士在研究中，帮助和陪伴我渡过了若干难关，还在写作过程中与师兄袁凯铮，师弟邵安定、刘建宇、王璞等帮助我完成了文中的图片处理、格式调整等烦琐的工作。北京科技大学冶金与生态工程学院的柴国明、王飞博士提供了数据处理的帮助，材料科学与工程学院的杨栋华、甘贵生博士给予了热力学方面的支持。

作为该领域内新的探索，该课题的研究难度可想而知。国家文物局文物保护科技专家组组长王丹华女士多次询问研究进程，他们高屋建瓴的宝贵意见和不厌其烦的指点，使我不致迷失研究的方向。中国文化遗产保护研究院的马清林研究员、高峰研究员、沈大娲副研究员，中国国家博物馆的潘路研究员等极有价值的指教和帮助，让我有效减少了研究中的困难。在最困难时，铁付德先生、梁宏刚先生、师兄曲用心先生和师妹李永春女士的极力相助，让我没齿难忘，感恩于心。

岁月不居，时节如流。回首书稿研究与写作以来的点点滴滴，可谓凝聚了无数的教诲、关爱和帮助，也富含着快乐、苦痛和艰辛。行来之艰难，路途之坎坷，无诸位老师、专家、同学、朋友和家人的支持与协助，何以奢望此书之完成。恕本人笔拙，无法一一详述，谨在此表达最诚挚的感谢！我会把每份关怀、勉励都铭记、珍藏于心，成为努力进取之动力。

彩　　图

图 1-1　南唐国主李昪墓彩绘

图 1-2　苏州云岩寺塔彩绘

图 1-3　苏州吴中区轩辕宫正殿脊槫彩绘

图 1-4　常州金坛戴王府彩绘

图 2-1　南京李鸿章祠五架梁包袱锦彩画

图 2-2　常熟彩衣堂彩画

图 2-3　苏州北寺塔观音殿天花彩画

图 2-4　宜兴市徐大宗祠建筑彩绘

图 2-5　如皋定慧禅寺建筑彩绘

图 2-6　苏州市忠王府后殿建筑彩绘

图 2-7　扬州重宁寺天花彩画

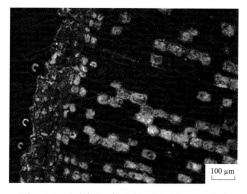

图 2-22　严家祠堂 8 号褐色样显微照片

（100×，暗场）

图 2-23　严家祠堂 11 号白色样显微照片

（50×，暗场）

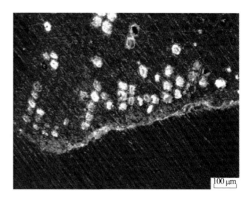

图 2-24　徐大宗祠 15 号红色样显微照片

（100×，暗场）

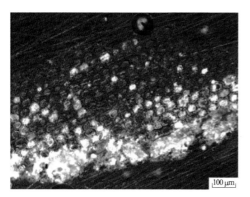

图 2-25　徐大宗祠 2 号绿色样显微照片

（100×，暗场）

图 2-26　彩衣堂 2-8 号金色样显微照片

（200×，暗场）

图 2-27　彩衣堂 11 号蓝色样显微照片

（200×，暗场）

图 2-32　彩衣堂蓝色颜料显微拉曼

视频照片（50×）

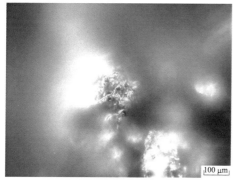

图 2-33　凝德堂蓝色颜料显微拉曼
视频照片（50×）

图 2-38　变暗变黑的红色
（南通太平兴国教寺）

图 2-39　发灰变浅的黄色（如皋定慧禅寺）

图 2-40　呈暗黑色的蓝色（江阴文庙）

图 2-41　完全变化的二色（宜兴徐大宗祠）

图 2-42　呈褐色的蓝绿色（常熟彩衣堂）

图 2-43　颜色完全变化（无锡昭嗣堂）

图 3-2　制作好的两组模拟实验样品

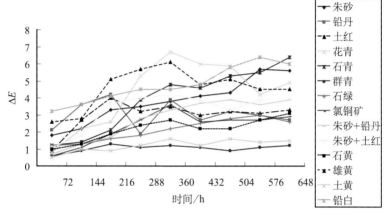

图 3-3　单色颜料高温高湿紫外光实验色差（ΔE）变化图

图 3-4　朱砂 648 h 后黑色颗粒显微拉曼
视频照片（50×）

图 3-5　朱砂未老化模拟样品显微拉曼
视频照片（10×）

图 3-8　土红 216 h 后显微拉曼视频
照片（10×）

图 3-11　群青未老化模拟样品显微拉曼
视频照片（10×）

图 3-12　群青 648 h 后黑色颗粒显微拉曼
视频照片（10×）

图 3-14　花青 648 h 后黑色颗粒显微拉曼
视频照片（10×）

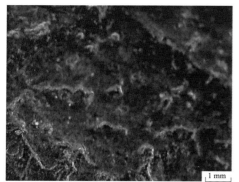

图 3-15　花青未老化模拟样品显微拉曼
视频照片（10×）

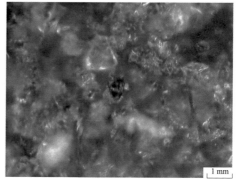

图 3-17　石青 216 h 后黑色颗粒显微拉曼
视频照片（10×）

图 3-18 石青未老化模拟样品显微拉曼
视频照片（10×）

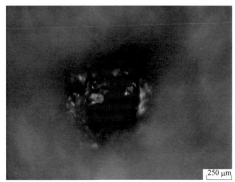

图 3-20 石青 648 h 后显微拉曼
视频照片（50×）

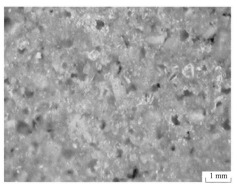

图 3-22 石绿未老化模拟样品显微拉曼
视频照片（10×）

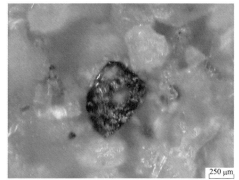

图 3-23 石绿 216 h 后黑色颗粒显微拉曼
视频照片（50×）

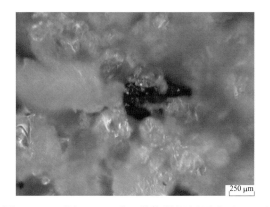

图 3-25 石绿 648 h 后显微拉曼视频照片（50×）

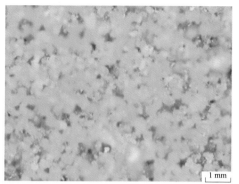 

图 3-27　氯铜矿未老化模拟样品显微拉曼　　图 3-28　氯铜矿 648 h 后白色颗粒显微拉曼
　　　　　视频照片（10×）　　　　　　　　　　　　视频照片（10×）

图 3-30　土红＋朱砂未老化模拟样品显微　　图 3-31　土红＋朱砂 648 h 后黑色颗粒显微
　　　　　拉曼视频照片（10×）　　　　　　　　　拉曼视频照片（50×）

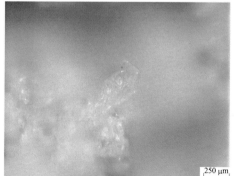 

图 3-33　石黄 216h 后白色颗粒显微拉曼　　图 3-34　石黄未老化模拟样品显微拉曼
　　　　　视频照片（50×）　　　　　　　　　　　　视频照片（10×）

图 3-36　雄黄 216 h 后显微拉曼
视频照片（10×）

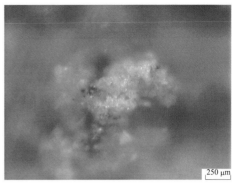

图 3-38　雄黄 648 h 后白色颗粒显微拉曼
视频照片（50×）

图 3-40　土黄 648 h 后黑色颗粒显微拉曼
视频照片（10×）

图 3-41　土黄未老化模拟样品显微拉曼
视频照片（10×）

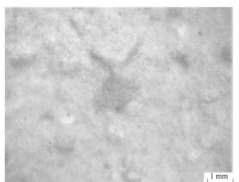

图 3-43　铅白未老化模拟样品显微拉曼
视频照片（10×）

图 3-44　铅白 648 h 后黑色颗粒显微拉曼
视频照片（10×）

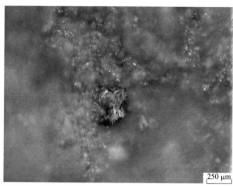

图 3-47　朱砂＋铅白未老化模拟样品显微　　图 3-48　朱砂＋铅白 648 h 后黑色颗粒显微
　　　　拉曼视频照片（10×）　　　　　　　　　　拉曼视频照片（50×）

图 3-50　石青＋铅白未老化模拟样品显微　　图 3-51　石青＋铅白 648 h 后黑色颗粒显微
　　　　拉曼视频照片（10×）　　　　　　　　　　拉曼视频照片（50×）

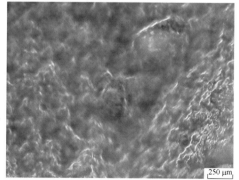

图 3-53　花青＋铅白未老化模拟样品显微　　图 3-54　花青＋铅白 648 h 后黑色颗粒显微
　　　　拉曼视频照片（10×）　　　　　　　　　　拉曼视频照片（50×）

图 3-56　群青 + 铅白未老化模拟样品显微
　　　　拉曼视频照片（10 ×）

图 3-57　群青 + 铅白 648 h 后黑色颗粒显微
　　　　拉曼视频照片（50 ×）

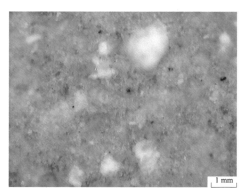

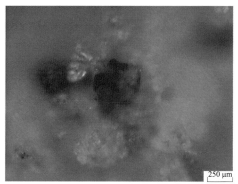

图 3-59　石绿 + 铅白未老化模拟样品显微
　　　　拉曼视频照片（10 ×）

图 3-60　石绿 + 铅白 648 h 后黑色颗粒显微
　　　　拉曼视频照片（50 ×）

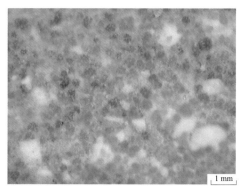

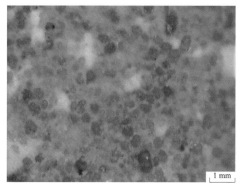

图 3-62　氯铜矿 + 铅白未老化模拟样品
　　　　显微拉曼视频照片（10 ×）

图 3-63　氯铜矿 + 铅白 648 h 后黑色颗粒
　　　　显微拉曼视频照片（10 ×）

图 4-1 铅丹表面变色显微拉曼
视频照片（10×）

图 4-7 徐大宗祠彩绘铅丹（漏雨变湿）

图 4-8 徐大宗祠铅丹显微照片
（10×，暗场）

图 4-9 严家祠堂次间金檩表面已
发黑的朱砂

图 4-10 严家祠堂朱砂显微拉曼
视频照片（10×）

图 4-11 苏州凝德堂无地仗建筑彩绘

图 4-12　彩衣堂五架梁上彩绘的花青颜料

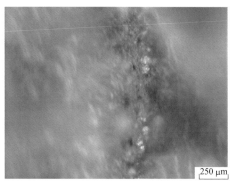

250 μm

图 4-13　江阴文庙蓝色颜料显微拉曼
视频照片（50×）

褪变的二色颜料

图 4-15　脉望馆建筑彩绘穿枋

1 mm

图 4-16　脉望馆褪变二色显微拉曼褪变的
二色颜料视频照片（10×）

图 4-17　褪变为褐色的建筑彩绘
与实验样品对比

图 4-18　尚未变化的绿色颜料

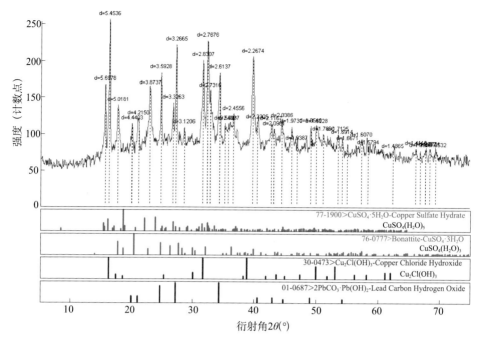

图 4-21　褪变为褐色的颜料 XRD 图

图 4-23　宝纶阁氯铜矿二色显微拉曼
视频照片（10×）

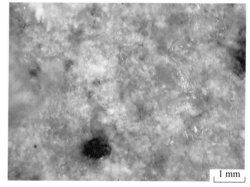

图 4-24　常温常湿与二氧化硫反应后氯铜矿二色
显微拉曼视频照片（10×）

图 4-25　石绿模拟样显微拉曼视频照片
（10×）

图 4-26　常温常湿与二氧化硫反应后群青
显微拉曼视频照片（10×）

图 4-27　徐大宗祠白色颜料层显微照片
（100×，暗场）

图 4-28　徐大宗祠 11 号显微拉曼视频
照片（50×）

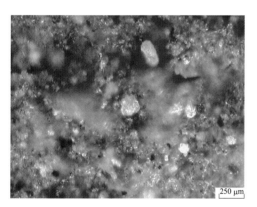

图 4-30　蓝色颜料加上发黄的胶
显微拉曼视频照片（50×）

现状绿色

图 4-31　花瓣处蓝色加上发黄的胶显示为绿色

图 5-3　抗霉菌实验样品（左侧为未加保护材料的空白样）

图 5-4 耐酸、碱实验模拟样品（24 h 后）

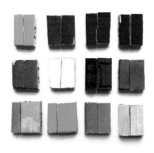

图 5-5 保护前后模拟样品对比照片

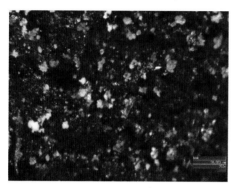

图 5-6 未处理样品（彩绘残件）视频显微
照片（250×）

图 5-7 未处理样品（石黄模拟老化样）视频
显微照片（250×）

图 5-8 处理样品（彩绘残件）视频显微
照片（250×）

图 5-9 处理样品（石黄模拟老化样）视频
显微照片（250×）

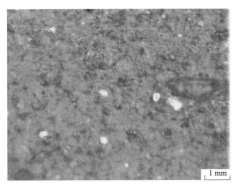

图 5-10　朱砂＋铅白老化样显微拉曼视
频照片（10×）

图 5-11　朱砂＋铅白老化后保护样显微拉曼
视频照片（10×）

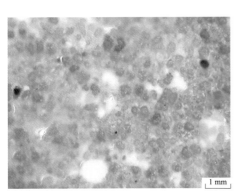

图 5-12　氯铜矿＋铅白老化样显微拉曼
视频照片（10×）

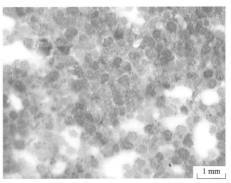

图 5-13　氯铜矿＋铅白老化后保护样显微
拉曼视频照片（10×）

图 5-14　石青＋铅白老化样显微拉曼视
频照片（10×）

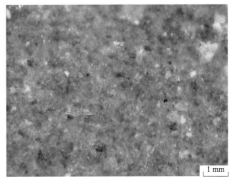

图 5-15　石青＋铅白老化后保护样显微
拉曼视频照片（10×）